职业教育示范性教材

中等职业学校机电类专业规划教材

模具材料及表面处理

主　编　蒋晓斌

副主编　谭邦喜　丁祥力

主　审　唐卫民

编　委　（以姓氏笔画为序）

丁祥力　严　涛　陈红球　陈林辉

蒋晓斌　谭邦喜　谭杰夫

湖南大学出版社

内 容 简 介

本教材是根据教育部在新形式下发展职业教育的精神下编写的。主要内容包括:模具材料基础理论、冷作模具材料、热作模具材料、塑料模具材料、模具表面处理技术。

本教材是中等职业技术学校和成人教育院校模具设计与制造专业学生的必备书,也可供从事模具设计与制造的工程技术人员和自学者参考。

图书在版编目(CIP)数据

模具材料及表面处理/蒋晓斌主编.—长沙:湖南大学出版社,2011.8
(中等职业学校机电类专业规划教材)
ISBN 978 - 7 - 81113 - 557 - 2

Ⅰ.①模…　Ⅱ.①蒋…　Ⅲ.①模具—工程材料—中等专业学校—教材
②模具—金属表面处理—中等专业学校—教材　Ⅳ.①TG76

中国版本图书馆 CIP 数据核字(2011)第 168453 号

模具材料及表面处理

Muju Cailiao Ji Biaomian Chuli

总 主 编:沈言锦
主　　编:蒋晓斌
责任编辑:张建平　　　　　　　　**责任印制:**陈　燕
出版发行:湖南大学出版社
社　　址:湖南·长沙·岳麓山　　　**邮　　编:**410082
电　　话:0731 - 88822559(发行部),88820006(编辑室),88821006(出版部)
传　　真:0731 - 88649312(发行部),88822264(总编室)
电子邮箱:presszhangjp@hnu.cn
网　　址:http://www.hnupress.com
印　　装:衡阳顺地印务有限公司
开本:787×1092　16 开　　　**印张:**9.75　　　　　　　**字数:**250 千
版次:2012 年 1 月第 1 版　　　**印次:**2012 年 1 月第 1 次印刷
书号:ISBN 978 - 7 - 81113 - 557 - 2/TH·32
定价:20.00 元

前　言

本教材是根据教育部在新形式下发展职业教育的精神,在总结编者多年教学经验的基础上编写而成,在编写过程中充分考虑了现代企业对中等职业人才知识与能力的要求,遵循了教育的基本规律,注重培养学生分析问题、解决问题的能力。

具体特点如下:

本书采用模块式、任务驱动型教学方式编写,力求适应中职课程改革的需要。

主题明确。内容安排始终围绕着论述模具材料、选用模具材料、加工模具材料的三条主线。

内容新。本教材在内容的选取方面吸收了多年教改的成果,吸收了许多已经成功使用的新材料和新的工艺。

系统性强。从工程材料的基本理论到常用的模具钢,从传统的材料到新开发的材料,从常规加工工艺到改进性热处理,结构上层次分明,内容上环环相扣。

直观性强。图表并茂,案例讲解,使学生能直接找出各种材料的性能特点、应用范围、加工方法,以及各种模具材料间的异同,易于理解和记忆,便于教学和自学。

衔接性好。能将冲压模设计、塑料模设计、模具制造工艺学等核心专业课程紧密联系在一起,形成扎实的专业技能,实现专业培养目标的要求。

本书由湖南化工职院蒋晓斌任主编;衡阳县职业中专谭邦喜、隆回县职业中专丁祥力任副主编,祁东县职业中专唐卫民任主审;南县职业中专谭杰夫、严涛、陈林辉参加了编写。

本书为中等职业技术学校和成人教育院校模具设计与制造专业学生的教材,也可供从事模具设计与制造的工程技术人员和自学者参考。

由于编者水平有限,书中疏漏和欠妥之处在所难免,恳请读者不吝赐教。

编　者
2011 年 5 月

前 言

目　次

项目一　绪　论

一、模具材料的作用和地位

模具是材料成形加工中的重要工艺装备,是机械、电子、轻工、国防等工业生产的重要基础之一。利用模具可以实现少、无切削加工,从而提高生产效率,降低成本。由于模具成形具有高产、优质、低耗等特点,因而其应用十分广泛。其中占飞机、汽车、拖拉机、机电产品成形加工的 60%~70%;占家电产品、塑料制品成形加工的 80%~90%。

随着模具工业的迅速发展,对模具的使用寿命、加工精度等提出了更高的要求。模具材料性能的好坏和使用寿命的长短,将直接影响加工产品的质量和生产的经济效益。而模具材料的种类、热处理工艺、表面处理技术是影响模具使用寿命的极其重要的因素,所以世界各国都在采取不断地研究和开发新型模具材料、改进模具的热处理工艺、选用适当的表面处理技术、合理地设计模具结构、加强对模具的维护等措施,来稳定和提高模具的使用寿命,防止模具的早期失效。

模具材料的使用性能直接影响模具的质量和使用寿命,模具材料的工艺性能主要影响模具加工的难易程度、加工质量和生产成本。为此,应合理选择模具材料,改进热处理工艺和表面处理工艺,大力推广模具生产中的新材料、新工艺和新技术。

二、模具材料的应用与发展

在新中国成立以来,我国的模具工业发展迅速,现已成为独立的工业体系,特别是 1989 年国务院在《当前产业政策要点的决定》中将模具列为"机械工业技术改造序列的第一位"以来,在模具材料的研制与开发、模具的热处理工艺、模具的表面处理技术等各方面都取得了巨大的成就。目前,我国的模具钢产量已跃居世界前列,基本满足了模具制造业的需要,已逐步发展成为国民经济中重要的基础工业。

用于制造模具的普通硬质合金和钢结硬质合金材料正在走向成熟,目前已在冷冲裁模、拉丝模、冷镦模、无磁模等模具上广泛应用。与传统模具材料相比其使用寿命大幅度提高。如采用钢结硬质合金制造的 M12 冷镦模,使用寿命在 100 万次以上;采用普通硬质合金材料制造的硅钢片高速冷冲裁模,使用寿命可达上亿次。

在模具的表面处理技术上也有了很大的发展,除了有传统的渗碳、渗氮、氮碳共渗、渗硫、渗硼、渗金属等工艺被广泛使用外,还发展了气相沉积技术、热喷涂技术、激光表面处理技术、离子注入技术、电子束表面处理技术等,有效地提高了模具的性能和使用寿命。

虽然我国的模具材料和模具表面处理技术有了较大发展,但与发达国家相比仍存在一定的差距,模具材料的生产和使用水平还有待进一步提高。

我国模具材料及其处理技术的发展前景十分广阔。应积极开发和引进高性能的新型模具材料,增加模具材料的品种、规格,形成符合我国资源情况的系列化和标准化的模具材料,以满足不同模具的使用性能和寿命的要求;重视模具的设计、选材、加工、处理、检验等全过程控制,不断降低生产成本,提高效益;加强对模具的新技术、新材料、新工艺的研究,发展模具的成套加工精密设备,提高模具生产的整体水平。

三、本课程的性质、教学目标和基本要求

模具材料是模具的一门专业课程,虽然学生已经学过一些工程材料方面的知识,对材料及

热处理、材料成形加工等知识有了初步的了解,但缺少对模具选材、加工等综合分析的训练,缺少模具新材料、新工艺、新技术方面的知识,与模具设计、制造之间的联系不够紧密;同时,由于模具材料种类繁多,性能各异,模具的使用性能和使用寿命都与合理选择模具材料、确定合适的热处理工艺、采用适当的表面处理技术等有密切关系。因此,编写该教材的目的,就在于使学生能够较全面地了解各种模具材料的性能、热处理工艺、表面处理技术,并且根据模具的具体服役条件、模具结构合理地选择模具材料,正确地制定模具的生产工艺,从而提高模具的使用寿命,降低生产成本,提高产品的经济效益。

通过本课程的学习,希望学生能达到如下基本要求:

①了解常见模具的失效分析方法。

②熟悉常用的模具材料、热处理工艺及模具的表面处理技术。

③明确模具材料、热处理工艺及表面处理技术与模具使用性能、使用寿命、生产成本、经济效益之间的关系。

④掌握常用的冷作模具材料、热作模具材料、塑料模具材料以及其他模具材料的牌号、主要成分、性能特点、工艺特点、主要用途等,并能合理地选择模具材料及热处理方法。

⑤熟悉各类常见的模具表面处理方法,并能进行合理选用。

模具材料课程的理论性和实践性都很强,而钢的热处理原理与工艺、合金钢等知识是其重要的理论基础。因此,在学习模具材料课程时,应紧密结合以上两部分内容进行深入学习。其次,还应注意实践知识的学习,尽可能参观一些模具的生产和使用厂家,增加专业感性认识。同时将模具材料与其他相关的专业课程结合起来,认真分析模具的生产工艺、设计方法、失效形式及原因等,以便更好地学习好本门课程。

☎练一练

1. 简述模具材料在我国工业发展过程中的作用和地位。
2. 谈谈学习本课程的计划和目标。

项目二 模具材料基础理论

掌握模具及模具材料的分类，了解模具材料的性能要求及选用原则是我们学好本课程的基础。

- ➤ 任务一　模具及模具材料的分类
- ➤ 任务二　模具材料的性能要求及选用原则
- ➤ 任务三　模具的失效分析
- ➤ 任务四　影响模具寿命的主要因素

任务一　模具及模具材料的分类

1. 模具的分类

模具的分类方法很多,为了模具材料的选用,通常根据工作条件将模具分为冷作模具、热作模具和成型模具三大类。

①冷作模具。根据工艺特点,冷作模具分为冷冲裁模具和冷变形模具。冷冲裁模具包括薄板冷冲裁模具和厚板冷冲裁模具。冷变形模具主要包括冷挤压模具、冷镦模具、冷拉深模具和冷弯曲模具等。

②热作模具。热作模具包括热锻模、热精锻模、热挤压模、压铸模、热冲裁模等。

③成型模具。根据成形材料,成型模具包括塑料模、橡胶模、陶瓷模、玻璃模、粉末冶金模等。

2. 模具材料的分类

模具材料的种类繁多,各种模具所用的材料各异,根据模具的工作条件及所使用的材料,模具材料的分类如表 2.1 所示。

表 2.1　模具材料的分类

模具材料						
模具钢			其他模具材料			
冷作模具钢	热作模具钢	塑料模具钢	铸铁	有色金属及合金	硬质合金	非金属材料

由于钢的力学性能优良,价格适中,能满足一般模具要求,故目前模具材料主要采用的是模具钢,根据模具制作工艺不同,模具钢的分类如表 2.2 所示。

表 2.2　模具钢的分类

冷作模具钢				热作模具钢				塑料模具钢			
冷冲裁模具钢	冷挤压模具钢	冷镦模具钢	冷拉丝模具钢	热锻模用钢	热挤压模用钢	压铸模用钢	热冲裁模用钢	渗碳型模用钢	调质型模用钢	淬硬型模用钢	预硬型模用钢

任务二　模具材料的性能要求及选用原则

模具的工作条件不同,对其材料的性能要求也不同,如冷冲压模具要求其材料具有高的强度,良好的塑性和韧性,高的硬度及耐磨性;冷挤压模具要求其材料具有高强度、高韧性、高淬透性以及良好的耐磨性、热稳定性和切削加工性;热作模具用钢要求在工作温度下保持高的强度和韧性、良好的抗蚀性、热稳定性和优良的热疲劳抗力。

模具的各项性能要求有时是相互矛盾的,一般硬度越高,耐磨性就越高。在同样的硬度下,钢材碳含量越高,耐磨性也就越高。热稳定性与加入元素的种类及数量有关,只有在高合金含量的情况下,才能达到所要求的抗软化能力。韧性则与前二者相反,碳化物中合金元素增加,钢材变脆,这样就形成耐磨性和韧性之间以及稳定性和韧性之间的两对矛盾。在选择模具材料时,应首先考虑模具的某些基本性能必须能适应所制造模具的需要。在一般情况下,主要是钢的耐磨性、韧性、硬度、热硬性以及热疲劳抗力,这四种性能指标可以比较全面地反映模具材料的综合性能,可以在一定程度上决定其应用范围。当然对于一种模具的性能要求来说,可能其中的一种或两种性能是主要的,而另外的一种或两种是次要的。

一、模具材料的性能要求

1. 模具材料的力学性能要求

(1)硬度和热硬性

硬度是冷作模具材料的主要性能指标,模具在工作中必须具有高的硬度和强度,才能保持其原有的形状和尺寸。一般冷作模具钢,要求其淬火、回火硬度为 60HRC 左右,热作模具钢为 45~50HRC 左右。

热硬性是指高温下保持高硬度的能力。许多模具在加工中产生热量并和加热材料接触,由于热传导常被加热到相当高的温度,不少冷作模具在工作中被加工材料强烈挤压和磨损也会形成很高的温度。这就要求模具材料应具有很高的抗回火稳定性,即在高温下有保持高硬度的能力。碳素钢和低合金钢的抗回火能力差,采用含铬或含钨的合金钢,通常能显著提高模具的抗回火性能。

(2)韧性

许多模具要承受冲击载荷(如冷作模具的凸模,锤用热锻模具、冷镦模具、热镦锻模具等)的作用。除了要求钢材具有较高的强度外,还要具有足够的韧性。高碳钢中含钒就有这种优异的性能。采用水淬方式,可获得一定深度的淬火硬化层,而心部仍保持韧性的组织。由于淬火硬化中形成了压应力,可使抗疲劳性能有所提高。

(3)耐磨性

模具在工作时,其表面往往要与工件产生摩擦,要保持模具的尺寸精度和表面粗糙度,使其不发生早期的磨损失效,就要求模具材料能够承受一定的机械磨损。而具有均匀韧性组织的钢材,其耐磨性能一般都不高。在韧性组织上弥散分布的硬质碳化物颗粒可以提高模具的耐磨性,但要通过正确的普通热处理和化学热处理的方法,使模具材料既具有高硬度又使材料中的碳化物等硬化相的组成、形貌和分布合理。模具工作过程中的润滑情况和模具材料的表面处理,也对改善模具的耐磨性有良好的影响。在承受重载和高速摩擦时,模具被摩擦表面能够形成薄而致密附着的氧化膜,保持润滑作用,防止模具和被加工工件表面之间产生黏附、焊合等所导致的工件表面擦伤,同时又能减少模具表面进一步氧化所造成的损伤。

(4)抗疲劳性能

热作模,如热镦模、压铸模等在服役过程中承受周期性的加热和冷却,冷热疲劳破坏是其失效的主要形式;冷作模具,如冷镦模、冷冲模等在使用过程中承受较高的反复冲击应力,往往因冲击疲劳抗力低而造成疲劳断裂。所以模具的疲劳性能对模具的寿命具有很大的影响。如果模具材料热导性和韧性不足,在多次反复加热和冷却的条件下,模具有可能在短期使用后产生裂纹并报废。

上述为模具材料的主要力学性能,但对于不同的服役条件其性能要求不同。对热作模具钢要考虑其抗冷热疲劳性能;对压铸模具应考虑其耐融熔金属的冲蚀性能;对于高温下工作的热作模具应考虑其在工作温度下的抗氧化性能;对于在腐蚀介质中工作的模具,应注意其抗腐蚀性能;对在高载荷下工作的模具应考虑其抗压强度、抗拉强度、抗弯强度、疲劳强度及断裂韧度等。

2. 模具材料的工艺性能

模具材料的工艺性能,经常要考虑的有以下几种:

(1)淬透性和淬硬性

对于冷作模具材料大部分要求高硬度,即要求有一定的淬硬性。对于大部分热作模具和塑料模具,对硬度的要求不高,往往更多地考虑其淬透性,应按照模具截面的大小,选择合适的淬透性。钢材模具除了表面应有足够的硬度外,心部也要具有足够的强度。大型模具选用淬透性差的钢材时,表面淬硬层与心部不能获得马氏体淬火组织,在回火时就不能得到高的强度和韧性。形状简单的小模具也常用淬透性较高的结构钢制造,这是为了淬火后能获得较为均匀的应力状态。对于形状复杂、要求精度高又容易产生热处理变形的模具,为了减少其热处理变形,往往采用冷却能力弱的淬火介质(如油冷、空冷、加压淬火或盐浴淬火),这就需要采用淬透性较好的模具材料,以得到满意的淬火硬度和淬硬层深度。

(2)氧化、脱碳敏感性

模具在加热过程中,如果产生氧化、脱碳现象,就会改变模具的形状和性能,影响模具的硬度、耐磨性和使用寿命,导致模具的早期失效。有些钼含量高的模具钢具有极优良的高温性能,但是在高温下极易氧化、脱碳,限制了其应用范围,采用特种热处理工艺(如真空热处理、可控气氛热处理、盐浴热处理等)以后,能够避免氧化、脱碳,使钼基合金得到了广泛应用。

(3)加工性能

模具的加工对模具寿命有不同影响,如模具材料毛坯的反复镦拔柔锻,型腔的冷挤压和超塑成形等,都会使模具材质组织致密,并能消除碳化物偏析。因此要减少各种加工手段的不利影响:机加工要保证每道加工工序的加工精度和表面粗糙度;电加工要减少步距偏差、型孔尺寸偏差及粗糙度;钳工装配不得损坏已加工成形的工件基准面和工作面,保证模具的装配精度。

对各种精密加工,要求有较好的精度保证,但由于磨削加工可能导致金属表面的局部过热,产生高的表面残余应力以及组织变化等,其结果可能导致磨削裂纹的产生。常见的磨削缺陷有:磨削速度过快引起金属烧伤;用钝的或重载砂轮磨削引发的磨削裂纹。细小的磨削裂纹难于用肉眼观察,需用磁粉探伤或稀硝酸冷侵蚀方能显示。轻的磨削裂纹常垂直于磨削方向呈平行分布,严重的磨削裂纹呈龟裂状。这些磨削裂纹即使可以通过轻磨予以去除,但危害犹存,常导致模具在服役中的早期失效。为了减少磨削应力以及磨削裂纹,可对工件进行回火热处理。

电火花加工常常作为模具的最后加工工序。电火花加工可在淬火、回火模具的表面形成淬火马氏体的白亮层。由于高碳马氏体的固有脆性和显微裂纹的存在,往往导致模具的早期开裂失效。另外,电火花加工可在模具表面形成不良的残余应力,降低了模具的使用寿命。可以通过电加工规准,来减少硬化层的厚度,或者用喷丸法等去除变质层。

二、模具材料的选用原则

为了便于模具材料的选用,通常根据工作条件将模具分为冷作模具、热作模具和塑料模具三大类。随着模具工作条件的日益苛刻,各国还相继研发了不少适应新要求的新钢种以及其他一些类型的模具,如玻璃模具、陶瓷模具以及复合材料模具等。目前各国使用量较大的集中在一些通用型模具钢上。现将通用模具钢钢种以及一些新型模具材料的发展情况概述如下。

1. 冷作模具材料

冷作模具钢是应用量大、使用面广、种类最多的模具钢,主要用于制造冲压、剪切、辊压、压印、冷镦和冷挤压等用途的模具,一般要求其具有高的硬度、强度和耐磨性,一定的韧性和热硬性,以及良好的工艺性能。近年来碳素工具钢使用得愈来愈少,高合金钢模具所占的比例仍为最高。冷作模具钢以高碳合金钢为主,均属热处理强化型钢,使用硬度高于 58HRC。以 01 钢为典型代表的低合金冷作模具钢,一般仅用于小批量生产中的简易型模具和承受冲击力较小的试制模具。Crl2 型高碳合金钢仍是大多数模具的通用材料,典型代表钢种是 D2 钢,这类钢的强度和耐磨性较高,韧性较低。在对模具综合力学性能要求更高的场合,常用的替代钢种是 M2 高速钢。

2. 热作模具材料

热作模具要求其材料在工作温度下具有良好的强度、硬度、耐磨性、抗冷热疲劳性能、抗氧化性和抗特殊介质的腐蚀性能,用于制造锻压、压铸、热挤压、热镦锻及等温超塑成形用模具。热作模具钢多为中碳合金钢,用于热锻模、热挤压模、压铸模以及等温锻造模具等。热作模具的主要性能要求是在工作温度下具有较高的强韧性、抗氧化性、耐蚀性、高温硬度、耐磨性及抗冷热疲劳性能。常用热作模具钢的种类主要有 5Cr 型、3Cr. 3Mo 型、Cr. W 型和 Cr_Ni. Mo 型合金工具钢,特殊场合也使用基体钢、高速钢和马氏体时效钢。

3. 塑料成型模具材料

随着塑料工业的发展,塑料制品日益向大型、超小型、复杂、精密的方向发展。模具是塑料成型加工业的重要工艺装备,塑料制品的更新换代对模具的要求也更高。一般要求具有高的韧性、优良的热处理性、热加工性,好的切削性、磨削性等。

我国目前采用的 45、40Cr 等因寿命短、表面粗糙度值大、尺寸精度不易保证等缺点,不能满足塑料制品工业发展的需要。工业发达的国家较早地注意到了提高塑料模具材料的寿命和模具质量问题,已形成专用的钢种系列。如美国 AST′M 标准中的 P 系列包括 7 个钢号,其他国家的一些特殊钢生产企业也发展了各自的塑料模具用钢系列,如日本大同特殊钢公司的塑料模具钢系列包括 13 个钢号,日立金属公司则列入了 15 个钢号。我国国家标准中只列入了 3Cr2Mo(P20)一个钢号,但近年已经初步形成了我国的塑料模具用钢系列。

任务三　模具的失效分析

模具失效是指模具失去正常工作的能力,具体是指模具工作部分发生严重磨损或损坏而不能用一般修复方法(刃磨、抛磨)使其重新服役的现象。模具的失效有达到预定寿命的正常失效,也有远低于预定寿命的早期失效。正常失效是比较安全的,而早期失效则带来经济损失,甚至可能造成人身或设备事故,因此,应尽量避免。模具的失效不能仅理解为破坏或断裂,它还有着更广泛的含义。

模具失效的基本形式有断裂与疲劳、塑性变形、磨损、局部崩块、腐蚀、咬合、冷热疲劳等。模具在工作过程中可能同时出现多种形式的损伤,各种损伤之间又相互渗透、相互促进、各自发展,而当某种损伤的发展导致模具失去正常功能时,则模具失效。

对于不同类型的模具,失效的主要形式会有所不同,如冷作模具容易出现脆断失效,而热作模具容易出现冷热疲劳失效;即使同一类型的模具,失效的形式也是变化的。所以了解模具的服役条件,对正确选用模具材料及热处理工艺相当重要。对模具服役条件的掌握也是对模具进行失效分析的前提,是提高模具寿命的必备条件。

一、冷作模具的工作条件及失效形式

1. 冷作模具的工作条件

(1)冷冲裁模的工作条件

冷冲裁主要用于各种板材的冲切及成形。模具的工作部位是凸、凹模的刃口,刃口工作时受到压力及摩擦力的作用。根据被冲切板料的厚度,冷冲裁模分为薄板冲裁模(板厚≤1.5 mm)和厚板冲裁模(板厚>1.5 mm)两种。在冲裁软质薄板时,冲头所受压力较小;在冲裁中、厚钢板时,尤其在厚钢板上冲小孔时,冲头所承受的单位压力很大,对模具要求很高。

(2)冷弯曲模的工作条件

冷弯曲模主要用于各种金属零件的弯曲成型,作用于模具的力量不是很大。但对有些模具的形状过于复杂而造成巨大的应力集中时,则要求具有高的断裂抗力。

(3)拉深模的工作条件

拉深模主要用于软质板材的冷拉深成形,这一工序的工作应力不大,要求模具保持较低粗糙度,不发生黏附磨损和擦伤。如果被拉深的板材较薄,强度较低,塑性较高,模具承受载荷较小时,属于轻载拉深;如被拉深材料强度较高或板材较厚时,则模具承受载荷较大,属于重载拉深。

(4)冷镦模的工作条件

冷镦成型工艺主要用在紧固件、滚动轴承、滚子链条、汽车零件等。零件的冷镦成型在冷镦机上进行,冷镦凸模承受强烈的冲击力;如果存在被镦材料硬度不均、坯料端面不平、冷镦机精度不够等情况,凸模还可能承受较大的弯曲应力;冷镦凸模的表面不承受剧烈的冲击性摩擦,造成凸模表面磨损。冷镦凹模的型腔承受冲击胀力,型腔表面还承受强烈的摩擦和压力。

(5)冷挤压模的工作条件

冷挤压模成型时,凸模受到巨大的压应力,当毛坯端面不平整或凸模和凹模不同心时,凸模还受到弯曲应力的作用。此外,脱模时由于毛坯与凸模之间的摩擦,使凸模还受到拉应力的作用。因此,在多种作用力的叠加作用下,在凸模应力集中处,极易发生脆断。而冷挤压凹模内壁受到变形金属的强烈摩擦,容易导致磨损。此外,凹模还受到切应力的作用,有胀裂的可能。

总的来说,在冷镦和冷挤压中,冲头承受巨大压力,凹模则承受巨大的胀力。由于金属在凹模中剧烈运动,使冲头和凹模的工作面受到强烈的摩擦,可使模具表面的瞬时温度达到200 ℃~300 ℃。

2. 冷作模具的主要失效形式

(1)断裂失效

断裂失效是指模具在使用中突然出现裂纹或发生破损而失效。断裂对模具来说是最严重的失效形式,它是各种因素产生的裂纹扩展的归宿。按其损坏情况可分为局部破损(剥落、崩刃、掉牙等)和整体性相破损(如碎裂、断裂、胀裂、劈裂)。它们的特点是破损大多产生在受力最大的工作部位或是在截面变化的应力集中处。

按其断裂机理及其过程的特征,断裂失效又可分为一次性断裂失效和疲劳断裂失效两种形式。

①一次性断裂失效。

一次性断裂是指模具在工作时其工作零件突然断裂。主要是由于模具存在冶金缺陷，如带状组织和网状碳化物；工艺缺陷，如晶粒粗大，表面磨削烧伤，粗糙刀痕，回火不足等；因工作过程操作不当发生超载，容易发生早期脆性断裂失效。早期脆性裂的模具寿命很短，一般不超过数千次，有的甚至只有几十次至几百次。脆性断裂断口的特点是断口平齐，颜色一致。

②疲劳断裂失效。

疲劳断裂是模具经过较长时间的使用而发生的断裂。主要是由于循环应力所造成，其断裂过程要比脆性断裂失效缓慢得多，其模具寿命在 5 000～10 000 次以上。它与一次性断裂不同的是其断口可见到光亮区，即在断裂面上有一部分经过长期磨合而被磨得光亮的部分。

疲劳断裂的发展过程：模具工作时，在其工作零件的应力最大处或应力集中处萌生微裂纹，在冲压力的作用下，微裂纹缓慢扩展，其有效承载面积逐渐缩小，直至外加应力超过零件材料的断裂强度，发生突然断裂。防止疲劳断裂的主要对策：一是降低工作压力，二是降低模具表面粗糙度值和采用模具表面的强化工艺，减少产生微裂纹的机会。

疲劳断裂常见于各种重载模具，如冷镦模、冷挤压模。由于重载模具在施压变形过程中，模具表面的瞬时温度可达 200 ℃～300 ℃，造成温度循环，因而加速了疲劳裂纹的萌生。

（2）变形失效

模具在使用过程中发生塑性变形，失去原有的几何形状，通常发生在硬度偏低或淬硬层太薄的模具，具体表现为凸模镦粗、弯曲，凹模型腔下沉塌陷，棱角堆塌，模孔胀大等。产生塑性变形的根本原因是模具工作时其工作零件的局部内应力超过了材料的屈服强度。对于冷作模具来说是因为工作零件的材料强度不足，或是热处理工艺不正确，未能充分发挥模具钢的强韧性。

（3）磨损失效

冷作模具在工作时，坯料沿着模具表面滑动，使模具与坯料间产生了很大摩擦力，造成模具表面被划出硬的杂物（如氧化物等），将导致模具磨损加剧，以至于使模具和坯料表面刮伤或黏着等。

在模具中常遇到的磨损形式有磨料磨损、黏着磨损、腐蚀磨损和疲劳磨损等。

模具工作部分与被加工材料之间的摩擦而引起的物质损耗，能使刃口变钝，棱角变圆，平面变凹或变凸，使模具的形状、尺寸发生变化，如冷冲裁模的刃口变钝，冷镦模的工作表面出现沟槽等。

模具钢的耐磨性不仅取决于其硬度，还决定于碳化物的性质、大小、分布和数量，在模具钢中，目前高速钢和高铬钢的耐磨性较高。但在钢中存在有严重的碳化物偏析或大颗粒的碳化物的情况下，这些碳化物易剥落，而引起磨粒磨损，使磨损加快。较轻冷作模具钢（薄板冲裁、拉伸、弯曲等）的冲击、载荷不大，主要为静磨损。在静磨损条件下，模具钢的含碳量多，耐磨性就大。在冲击磨损条件下（如冷镦、冷挤等），模具钢中过多的碳化物无助于提高耐磨性，反而因冲击磨粒磨损，而降低耐磨性。

模具因工作零件发生磨损失效的根本原因是摩擦，这与工作零件的表面硬度、摩擦因数、耐磨性以及表面粗糙度有直接关系。在正确进行模具设计和选择模具工作零件材料的前提下，采用适当的表面处理工艺是克服模具磨损的有效措施。

（4）咬合失效

当坯料与模具表面接触时，在高压摩擦下，润滑油膜破坏，发生咬合。此时，金属坯料"冷焊"在模具型腔表面，后续加工的工件表面就会被冷焊在型腔表面的金属瘤划出道痕，使工件表面粗糙度增大,甚至出现沟槽。

在弯曲、拉深、冷镦、冷挤压等作业中,咬合是最常见的一种失效形式,当工作表面出现划痕和拉沟时,模具必须进行研磨与抛光。在拉深作业中出现咬合现象时,模具需要进行修整。

被拉深材料的性质对咬合现象有很大的影响,如镍基合金、奥氏体不锈钢、精密合金等,对模具表面有较强烈的咬合倾向。因此,在拉深上述材料时,应特别注意防止咬合失效。

模具工作零件进行适宜的表面强化处理后,可有效地防止模具的咬合失效。

(5)啃伤失效

当冲头与凹模直接碰撞时,将出现啃伤失效。其表现形式为模具刃口崩裂,使冲件的毛刺突然增大。一旦出现啃伤后,模具的修磨量剧增到 $0.2\sim0.5$ mm,才能去除损伤部分,恢复锐利的刃口。

3. 各类冷作模具的失效特点

(1)冷冲裁模

磨损是冷冲裁模最基本的失效形式,当刃口磨损严重时,会使冲件产生毛刺,此时模具就会因磨损超差而不能再用。当冲件厚度大或具有较强的磨粒磨损作用(如硅钢片等)或咬合倾向(如奥氏体钢)时,都会加快磨损失效。

薄板冷冲裁模的主要失效形式是磨损,极少情况是脆断失效,脆断的原因主要是热处理不当或操作失误。厚板冷冲裁模除磨损外,还可能发生崩刃、断裂等。

(2)拉深模

在拉深外观要求光滑的各种仪表、电器、汽车、轻工产品的工件时,模具主要是由于咬合而失效。黏附是拉深过程中常出现的问题,是造成模具咬合失效的重要原因。如在润滑条件较好的条件下拉深,模具表面越硬、越光洁,则越不易发生黏附现象。

(3)冷镦模

冷镦模主要的失效形式是开裂、折断,即由韧性不足引起的损伤占有很大比例,因上述原因导致的失效占 90%,材料韧性不足极大地影响着模具寿命。

(4)冷挤压模

冷挤压凸模的失效形式有折断、疲劳断裂、塑性变形及磨损,冷挤压凹模的失效形式主要是胀裂及磨损。

二、热作模具的工作条件及失效形式

1. 热作模具的工作条件

(1)锤锻模的工作条件

锤锻是依靠冲击力使金属坯料变形的压力加工设备。锤锻模在工作时受到高温、高压、高冲击负荷的作用。模具型腔与高温金属坯料(钢铁坯料约 $1\,000\,℃\sim1\,200\,℃$)相接触,模具型腔的瞬时温度可高达 $600\,℃$ 以上。在如此高温下,锤锻模材料的变形抗力和耐磨性剧烈下降,造成型腔壁塌陷及磨损。

锤锻模模块尾部呈燕尾状,易引起应力集中。因而,在燕尾的凹槽底部,容易产生裂纹,造成燕尾开裂。锤锻模的型腔周期性地接触高温坯料与润滑剂(兼冷却剂),这种周期性的急冷急热,将使型腔发生冷热疲劳而出现许多表面裂纹。

(2)压力机锻模的工作条件

在曲轴式压力机和水压机上进行压力加工作业时,模具所受的力主要是静压力,冲击的成分较小。由于加载和卸载相较锤锻慢,坯料在型腔中停留的时间较锤锻长得多,这就使压力机锻模型腔的表面温度高于锤锻模。因此,压力机锻模中的热应力以及热应力的变化幅度也均大于锤锻模。此外,模具型腔表面所承受的氧化腐蚀也较严重。

(3)热挤压模的工作条件

热挤压模是使被加热的金属在高温压应力状态下成型的一种工艺方法,工作时既承受压缩应力和弯曲应力,脱模时也承受一定的拉应力,另外还受到冲击负荷的作用。模具与炽热金属接触时间较长,使其受热温度比锤锻模更高,尤其是用于加工钢铁材料和难熔金属时,工作温度可达 600 ℃～800 ℃。

(4)金属压铸模的工作条件

根据被压铸材料的性质,压铸模可分为锌合金压铸模、铝合金压铸模、铜合金压铸模。压铸模工作时与高温的液态金属接触,不仅受热时间长,而且受热的温度比热锻模要高(压铸有色金属时为 400 ℃～800 ℃,压铸黑色金属时可达 1 000 ℃以上),同时承受很高的压力(20～120 MPa);此外还受到反复加热和冷却以及金属液流的高速冲刷而产生的磨损和腐蚀。因此,热疲劳开裂、热磨损和热熔蚀是压铸模常见的失效形式。

(5)热冲裁模的工作条件

热冲裁模主要用于冲切锻件的飞边和连皮。热冲裁模既可在锻锤上服役,也可在压力机上服役。由于锻压设备及坯料尺寸的不同,各种热冲裁模刃口部位所承受的热载荷和机械载荷差别很大。热冲裁模刃口应具有足够的热强性和耐磨性。

2. 常见热作模具的失效形式

由于热作模具是在机械载荷和温度均发生循环变化的条件下工作,工作条件差异较大,因此对模具材料的性能要求也各不相同,这类模具的失效形式可以归纳为五种(对某一种模具可能会出现其中一种,也可能同时有数种失效形式,这主要取决于模具的工作条件和所用模具材料的特性)。

(1)塑性变形

热作模具表面温度波动范围见表 2.3。

表 2.3　热作模具表面温度波动范围

模具类型		模具表面温度/℃	
		一般	最高
大截面锤锻模、压力锻模		400	—
中小型压力机锻模		600	＞650
热挤压模	铝合金	550	≥600
	铜合金	750	—
压铸模	铝合金	600	700
	铜合金	≥750	—
热冲裁模		300～500	700

产生塑性变形的根本原因是模具工作时其工作零件的局部内应力超过了材料的屈服强度。对于冷作模具来说是因为工作零件的材料强度不足,或是热处理工艺不正确,未能充分发挥模具钢的强韧性。

热作模具工作零件发生塑性变形的原因除上述外还有一个很重要的原因,即高温软化,在热锻作业中,模具的工作面与高温的坯料接触,往往使型腔表面温度超过模具钢的回火温度。

在如此高的温度下,模具钢的强度仅为室温强度的 1/2 或 1/3,很容易在外力作用下发生变形。

防止模具因其工作零件塑性变形而失效的方法,主要是提高材料的硬度,对于热作模具,要提高其工作零件在高温下的硬度,即热硬性。当进行表面强化或制定表面处理工艺时,须注意表面处理温度对工作零件基体材料及其热处理性能的影响。基体材料没有足够的硬度,将难以使优良的表面硬化层发挥应有的作用。

模具材料在上述温度范围内长期使用,致使模具表面受到不同程度的过度回火而被软化,引起强度降低。当模具型腔表面软化到某一硬度值时,便容易产生塑性变形。为了防止模具产生塑性变形和型腔压塌,应选择高热强模具钢,并控制模具的温升。

(2)热疲劳

热疲劳是热作模具(特别是压铸模)的主要失效形式之一。在急冷急热条件下使用的热作模具,锻压数千次或数百次后,型腔表面会出现许多细小的裂纹,其形状有网状、放射状、平行状等。这些裂纹不会向纵深扩展。出现裂纹后,将明显影响工作零件的表面粗糙度。特别是金属压铸模和精锻模因其工作零件表面冷热疲劳而使模具失效。因此这类模具的使用寿命,主要决定于工作零件表面出现冷热疲劳裂纹的时间。

冷热疲劳发生发展的过程如下:锻压的钢件或熔化的金属与模具工作零件表面接触时,模具工作零件表面迅速升温,而内层尚处于较低的温度。表层受热而膨胀,但受内层的约束,因而在表面产生压应力。压应力的数值一般均大于模具工作零件在该状态下的屈服强度,因而引起塑性变形。工件脱模后,由于向模具工作零件表面喷洒冷却剂,使模具工作零件表面急剧冷却而收缩。当模具工作零件表面收缩受到约束时,便产生切向拉压力。这样在其表面产生的循环热应力,是引起冷热疲劳的根本原因。高温汽化、冷却水的电化学腐蚀以及坯料的摩擦作用,加速了冷热疲劳的过程。因此,冷热疲劳过程是复杂的物理化学过程。

选用合适的模具材料,并进行表面强化处理可以提高热作模具的寿命。

(3)热磨损

热作模具的磨损主要以表面疲劳磨损为主,热作模具的型腔表面由于受热而软化,因而其耐磨性大为降低。此外,高温氧化腐蚀作用又会加速磨损。

因工作条件的不同,往往伴随有黏着磨损和磨料磨损。模具表面的破坏特征主要有刮伤、沟槽、裂纹、麻点和剥落。对模具磨损有较大影响的因素是模具材料的成分、模具的温度和硬度。通常对于同样的材料,模具的硬度越低或模具的温度越高,磨损量越大。

(4)断裂

早期断裂是模具最为有害的失效形式,其中由于模具严重偏载,或模具表面严重的应力集中或在模具表面已存在工艺裂纹引起的瞬间断裂,冷作模具所受的主要为机械作用力(冲压力)。热作模所受除机械力外,还有热应力和组织应力,有许多热作模具的工作温度较高,又采用强制冷却,其内应力可远远超过机械应力,因此,许多热作模的断裂主要与内应力过大有关。

(5)热熔损和冲蚀

压铸时,熔融金属被注入型腔模,在被高温金属冲刷的模具部位,有可能发生冲蚀的危险,特别是当金属以高温高速注入时,这种现象尤为严重。除了冲蚀外,在液体金属与模具表面之间直接接触的部位会引起腐蚀问题,但要严格区分这两种失效形式是很难的。

热熔损和冲蚀的失效形式与热疲劳裂纹的差别,就其产生原因而言,前者往往是在熔融温度和注入速度过高的情况下发生,而后者是一个连续的过程,出现于压铸模中,且只能采取措施减少其裂纹的扩展速率,而难以避免它的出现。

3. 各类热作模具失效特征及其概率统计

各类热作模具失效特征及其概率统计结果见表2.4。

表 2.4 各类热作模具失效特征及其概率统计结果

模具类别	模具名称	模具失效	
		特 征	概率统计(%)
大截面锤锻模和压力机锻模	锤锻模	磨损＋深型槽底角裂纹	70
		塑性变形	20
		燕尾开裂	10
	压力机锻模	磨损＋深型槽底角裂纹	80
		塑性变形	20
中小型压力机锻模	工作温度为600 ℃用中小型压力机锻模	热磨损、压塌	74
		热磨损、开裂	少量型腔较深的模具
	工作温度为650 ℃用中小型压力机锻模	热磨损、压塌	>87.5
		热磨损、开裂	少量型腔较深的模具
热挤压模	铜管热挤压模	压塌	88
		开裂	5～12
	铝合金热挤压模	断裂	>50
		磨损	25～40
		变形	6
压铸模	铜压铸模	热疲劳	95
		热熔损和冲蚀、变形	5
	铝压铸模	热疲劳	>70
		热熔损和冲蚀	<5
		变形	5～15
热冲裁模	—	磨损	≥80
		崩刃	≤20

三、塑料模具的工作条件及主要失效形式

塑料模具的主要失效形式是表面磨损、塑料变形及断裂,但由于对塑料制品的表面粗糙及精度要求较高,故因表面磨损造成的模具失效比例较大。

1. 塑料模具的工作条件

(1)热固性塑料压缩模

热固性塑料压缩模的工作温度一般在160 ℃～250 ℃,工作时模腔承受单位压力大,一般为160～200 MPa,个别的要达到600 MPa。工作时型腔面易磨损,并承受一定的冲击负荷和腐蚀作用。

这类模具压制各种胶木粉,一般含大量固体填充剂,在热压状态下成型。所以热负荷和机械负荷都较大,而填充剂致使模腔磨损也严重。

(2)热塑性塑料注塑模

这种塑料的工作温度在150 ℃以下,承受工作压力和磨损,但没有像压缩模那样严重。有

些塑料含有氯和氟,在加热后的熔融状态下能分解出氯化氢或氟化氢气体,对模具型腔面有较大的腐蚀性。

这类塑料在加热成型时一般不含固体填料,以软化状态注入型腔,对模腔磨损小。如果含有玻璃纤维填料时,则大大加剧对流道和型腔面的磨损。

2. 塑料模具的主要失效形式

(1)型腔表面磨损

热固性塑料中一般含有一定量的云母粉、石英粉、玻璃纤维等固体填充剂,在加热后软化、熔融的塑料中成为"硬质点",与模具型腔表面严重摩擦,会造成表面拉毛而使模具型腔表面粗糙度变大,这必然会影响到压制件的外观质量,需要及时卸下进行抛光。经多次抛光后,会由于型腔尺寸超差而造成模具失效。例如,淬硬的工具钢胶木模连续压 1.5 万~2.5 万件之后,模具表面磨损厚度为 0.1 mm。还有资料表明,模压 8 万次用玻璃纤维作填料的塑料,其模具型腔的磨损量是普通胶木模磨损量的 6.5 倍,这说明,玻璃纤维对淬火钢的磨损特别明显。

(2)型腔表面腐蚀

由于塑料中存在氯、氟等元素,加热至熔融状态后会分解出 HCl、HF 等强腐蚀性气体,腐蚀模具型腔表面,这就加大了其表面粗糙度,加剧了模具型腔的磨损,导致失效。

(3)塑性变形

模具在持续受热、受压力作用下,发生局部塑性变形失效。以渗碳钢或碳素工具钢制造的胶木模,特别是小型模具在大吨位压力机上超载使用时,容易产生表面凹陷、麻点、棱角塌歪等,特别是在棱角处更容易产生塑性变形;或者分型面变形间隙扩大导致飞边增大而使塑件报废。

产生这种失效,主要是由于模具型腔表面的硬化层过薄,且基体的硬度、抗压强度、变形抗力不足;或是模具在热处理时回火不足,即所用回火温度低,在服役时,当工作温度高于回火温度,并且长时间反复升温、降温,发生多次再回火,致使发生组织转变而发生"相变超塑性"流动,使模具早期失效。为防止塑性变形,需将模具处理到足够的硬度及硬化层深度,如对碳素工具钢,硬度应达到 52~56 HRC,渗碳钢的渗层厚度应大于 0.8 mm。

(4)断裂

断裂失效是一种危害性较大的快速失效形式。塑料制品成型模具形状复杂,存在许多棱角、薄壁等部位,在这些位置会产生应力集中而发生断裂。为此,在设计制造中除热处理时要注意充分回火外,主要应选用韧性较好的模具钢制造塑料模具,对于大、中型复杂型腔胶木模,应采用高韧性钢(渗碳钢或热作模具钢)制造。一般不用碳素工具钢。

用高碳的合金工具钢制塑料模具,如果回火不充分,也容易发生断裂失效。这是因为模具采用内部加热法保温时,模具内部贴近加热器处温度可达到 250 ℃~300 ℃。有些高碳合金工具钢(如 9CrMn2Mo 等)制模具淬火后存在较多的残留奥氏体,在回火时未能充分分解,则在使用中有可能继续转变为马氏体,引起局部体积膨胀,在模具内产生较大的组织应力而造成模具开裂。所以在模具的使用温度长期较高时,不宜采用这类合金工具钢。

四、玻璃模具的工作条件与失效形式

1. 玻璃模具的工作条件

玻璃的成型过程大多数属于间歇作业,熔融的玻璃向成型模腔的内表面周期性地放热。由于玻璃液体在高温时具有较高的热辐射传导率,传递给模具的热量大而且快,使型腔内表面迅速升到较高的温度，脱模后又迅速降温，模具内表面的温度波动非常显著，而模具外表面则由于向四周近乎均匀地散热冷却，温度的波动相对较小。这种温度波动使得型腔表面反复出现压应力与拉应力，促使型腔表面产生冷热疲劳裂纹（龟裂）。此外，玻璃成型模具与高温黏滞玻璃相接触，熔融玻璃液将对模具材料产生磨损和腐蚀。

　　2. 玻璃模具的失效形式

　　玻璃模具的主要失效形式有：磨损、塑性变形、冷热疲劳、腐蚀、氧化（起皮、剥落、麻点）、开裂等。模具在服役过程中可能同时出现多种失效形式，各种失效之间又相互渗透和相互促进，如磨损加速了疲劳裂纹的萌生，冷热疲劳所造成的热应力和组织应力可能使模具突然开裂。当模具生产出来的产品为废品时，则说明模具已经失效。要提高模具的使用寿命就必须仔细分析导致模具失效的原因及各种影响因素，根据不同的工作条件，选择适当的模具材料及相应的热处理工艺。

五、模具的失效分析

　　模具的失效分析，是对已失效的模具进行失效过程的分析，以探索并解释模具的失效原因。其分析结果，可以为正确选择模具材料，合理制定模具制造工艺，优化模具结构设计，以及为模具新材料的研制和新工艺的开发等提供有指导意义的数据，并且可预测模具在特定使用条件下的寿命，因而，这是一项有重要实际意义的工作。

　　模具失效分析的步骤一般为：

　　(1)生产现场调查与处理

　　进行模具失效的现场调查，主要包括对模具现场的保护、观察模具失效的形式与部位、了解生产设备的使用状况和操作工艺、询问具体操作情况和模具失效过程、统计模具的寿命、收集并保存失效的模具供分析使用。若模具为断裂失效，应注意收集齐全模具的所有断裂碎块，以便进行断口分析。在收集模具的断裂碎块时，要保证断口的洁净和新鲜。

　　(2)模具用材和制造工艺调查

　　采用化学成分分析、力学性能测定、金相组织分析、无损探伤等方法，复查模具材料的化学成分和冶金质量。通过翻阅有关技术资料和检测报告、检查同批原材料、询问生产人员等方式，详细了解模具的材质状况，核实各个环节是否符合有关标准规定以及模具设计和工艺上的技术要求。查阅模具工作记录、检修与维护记录，了解生产设备的工作状况及被加工坯料的实际情况，调查有关模具的使用条件和具体使用状况，了解模具按操作规程操作时有无异常现象等。

　　(3)模具的工作条件分析

　　模具的工作条件包括模具的受载状况、工作温度、环境介质、组织状态等。受载状况包括载荷性质、载荷类型、应力分布、应力集中状况、是否存在最大应力以及最大应力的大小及分布等；环境介质包括介质的各类、含量、均匀性以及是否带有腐蚀性等；组织状态包括模具的组织类型、组织的稳定性、组织应力的大小和分布等。

　　(4)模具失效的综合分析

　　对失效的模具进行损伤处的外观分析、断口分析、金相分析、无损探伤等，了解模具损伤的种类，寻找模具损伤的根源，观察损伤部位的表面形貌和几何形状、断口的特征、模具的内部缺陷、金相组织的组成及特征，结合各部分的分析结果，综合判断模具的失效原因以及影响模具失效过程的各种因素。

(5)提出防护措施

通过对失效模具进行综合分析,找出引起模具失效的原因,有针对性地提出防护措施,避免或减少该种失效的重复发生。但是,同一模具可能有不同的损伤出现,而最终导致模具失效的形式可能是其中的一种。当采取相应的措施防止了该种形式的失效以后,则另外一种失效形式又可能成为主要的失效形式,又需要采取另外的措施去解决新出现的失效问题,直到获得满意的程度。

六、模具失效原因及预防措施

1. 结构设计不合理引起失效

尖锐转角(此处应力集中高于平均应力10倍以上)和过大的截面变化造成应力集中,常常成为许多模具早期失效的根源。并且在热处理淬火过程中,尖锐转角引起残余拉应力,缩短模具寿命。预防措施:凸模各部的过渡应平缓圆滑,任何细小的刀痕都会引起强烈的应力集中,其直径与长度应符合一定要求。

2. 模具材料质量差引起的失效

模具材料内部缺陷,如疏松、缩孔、夹杂成分偏析、碳化物分布不均、原表面缺陷(如氧化、脱碳、折叠、疤痕等)影响钢材性能。

(1)夹杂物过多引起失效

钢中存在夹杂物是模具内部产生裂纹的根源,尤其是脆性氧化物和硅酸盐等,在热压力加工中不发生塑性变形,只会引起脆性的破裂而形成微裂纹。在以后的热处理和使用中该裂纹进一步扩展,而引起模具的开裂。此外,在磨削中,由于大颗粒夹杂物剥落造成表面孔洞。

(2)表面脱碳引起失效

模具钢在热压力加工和退火时,常常由于加热温度过高,保温时间过长,而造成钢材表面脱碳,严重脱碳的钢材在机械加工后,有时仍残留有脱碳层,这样在淬火时,由于内外层组织的不同(表面脱碳层为铁素体,内部为珠光体)造成组织转变不一致,而产生裂纹。

(3)碳化物分布不匀,引起失效

Crl2、Cr12MoV等模具钢含碳量和合金元素较高,形成了许多共晶碳化物,这些碳化物在锻造比较小时,易呈现带状和网状偏析,导致淬火时常出现沿带状碳化物分布的裂纹,模具在使用中裂纹进一步扩展,而造成模具开裂失效。预防措施:钢在锻轧时,模具应反复多方向锻造,从而钢中的共晶碳化物击碎得更细小均匀,保证钢碳化物不均匀度级别要求。

3. 模具的加工工艺不当

(1)切削中的刀痕引起失效

模具的型腔或凸模圆角部分,在机加工中常因进刀太深而留下局部刀痕,造成严重的应力集中。当模具淬火时或模具服役过程中,深刀痕便成了裂纹源,在应力集中的刀痕部位极易产生微裂纹,这种微裂纹在反复使用过程中进一步扩展,最后导致开裂而失效。例如Cr12MoV制造的冷冲凸模,因凸模外侧表面留有很粗的刀痕,在进行淬火时,由于应力集中而很快产生微裂纹,在反复使用中进一步扩展而导致凸模折断。又如铆钉模也因表面有明显刀痕,在刀痕处引发早期疲劳断裂。

预防措施:在零件粗加工的最后一道切削时应尽量减小进给量,避免留下粗刀痕,防止出现不正常的折断失效。

(2)电加工引起失效

无论冷、热模具均广泛采用电火花穿孔、线切割、电火花成形等。模具在进行电加工时，由于放电产生大量的热，将使模具被加工部位加热到很高温度，使组织发生变化，形成所谓的电加工异常层，在异常层表面由于高温发生熔融，然后很快地凝固，形成所谓的白亮层，在显微镜下呈白亮性，并可看出许多微细裂纹。白亮层硬度高、脆性大，层下的区域发生淬火，叫淬火层，再往里由于热影响减弱，温度不高，只发生回火，称回火层，硬度较软。

预防措施：①用机械加工方法去除异常层中的微裂纹；②在电加工后进行一次低温回火，减轻电火花加工层的脆性，防止微裂纹扩展。

（3）磨削加工造成失效

模具型腔面进行磨削加工时，由于磨削速度过大，砂轮粒度过细或冷却条件差等因素影响，均会导致磨削表面过热或引起表面软化，硬度降低，使模具在使用中因磨损严重，或由于热应力而产生磨削裂纹，导致早期失效。预防措施：①采用切削力强的粗砂轮或黏结性差的砂轮；②减少工件进给量；③选用合适的冷却剂；④磨削加工后采用 250 ℃～350 ℃回火，以消除磨削应力。

4．模具热处理工艺不合适

加热温度的高低、保温时间长短、冷却速度快慢等热处理工艺参数选择不当，都将成为模具失效因素。

（1）加热速度

模具钢中含有较多的碳和合金元素，导热性差，因此，加热速度不能太快，应缓慢进行，防止模具发生变形和开裂。在空气炉中加热淬火时，为防止氧化和脱碳，采用装箱保护加热，此时升温速度不宜过快，而透热也应较慢。这样，不会产生大的热应力，比较安全。若模具加热速度快，透热快，模具内外产生很大的热应力。如果控制不当，很容易产生变形或裂纹，必须采用预热或减慢升温速度来预防。

（2）冷却条件的影响

不同模具材料，据所要求的组织状态、冷却速度是不同的。对高合金钢，由于含较多合金元素，淬透性较高，可以采用油冷、空冷甚至等温淬火和等级淬火等热处理工艺。

（3）氧化和脱碳的影响

模具淬火是在高温度下进行的，如不严格控制，表面很易氧化和脱碳。另外，模具表面脱碳后，由于内外层组织差异，冷却中出现较大的组织应力，加剧了模具淬裂及磨裂的倾向。

预防措施：可采用装箱保护处理，箱内填充防氧化和脱碳的填充材料。

任务四　影响模具寿命的主要因素

模具正常失效前生产出来的合格产品的数目称为模具的正常使用寿命，简称模具寿命。模具首次修复前生产出的合格产品的数目称为模具的首次寿命；模具一次修复后到下一次修复前生产出的合格产品的数目称为模具的修模寿命。模具寿命是模具的首次寿命与各次修模寿命的总和。

模具寿命与模具类型、模具结构以及模具的服役条件、设计与制造过程、安装使用与维护等一系列因素有关，模具寿命是一定时期内模具材料性能、模具设计与制造水平、模具的热处理技术以及模具维护水平的综合反映。要提高模具的使用寿命，就要从改善这些条件的相应措施出发，研究模具使用寿命的影响因素。

一、模具材料对使用寿命的影响

模具材料对模具使用寿命的影响主要体现在模具材料的类别、化学成分、组织结构、力学性能、冶金质量等因素的综合影响上，其中，模具材料的类别和硬度影响最为明显。

二、模具结构对使用寿命的影响

模具结构的合理性对模具的承载能力和受力状态都有很大的影响，合理的模具结构能使其在工作时受力均匀，应力集中小；不合理的模具结构可能引起严重的应力集中和工作温度升高，导致模具的过早失效，降低其使用寿命。由于模具的种类繁多，服役条件各不相同，对模具结构的要求也不相同，下面仅从几个共性的方面加以讨论。

1. 模具型腔结构的影响

冷挤压模、冷镦模、热锻模等，一般所受应力较大，冲击力较高。若采用整体式结构的模具，则不可避免地会存在凹圆角半径，这很容易造成模具工作部位的应力集中，并引起模具的局部开裂或模具的整体开裂。而采用组合式结构的模具，则可避免出现模具型腔的开裂现象。

2. 模具型腔过渡圆角半径的影响

模具零件的面交界处大多含有过渡圆角，模具型腔大多含有过渡圆角，过渡圆角的合理性对模具的使用寿命影响很大。过小的凸圆角半径在板料拉深过程中会增加成形力，在模锻中易形成锻件的折叠缺陷。过小的凹圆角半径会使模具的局部受力情况恶化，在圆角半径处产生较大的应力集中，易使模具萌生裂纹，导致断裂。相反地，增大圆角半径可使模具受力均匀，不易产生裂纹。

三、模具工作条件对使用寿命的影响

模具的工作环境不同、工作条件不同，都将对模具的使用寿命造成一定的影响。

（1）成形设备特性

若成形设备的运动部分精度高、刚度大，则模具不易错移，对中性能好，弹性变形小，能保证良好的配合状态，不易出现附加的横向载荷和转矩，模具受到的是均匀磨损，则使用寿命较高。

模具成形工件的作用力是由设备提供的，而设备提供给模具及工件上的作用力是在一段时间内增加的，设备的速度越高，模具受到单位时间的冲击力越大，短时间内来不及传递和释放，于是作用在模具的某些局部位置上，可能会造成其应力超过模具材料的屈服强度和强度极限，从而造成塑性变形失效或断裂失效。

（2）成形件的材质、状态和温度

成形件的材质有金属材料和非金属材料，根据其状态不同又有固体材料和流体材料之分。一般情况下，非金属材料、流体材料强度较低，模具受力小，模具的使用寿命长；对固态金属成形件而言，其强度越高，所需的成形力越大，模具承受的力则越大，模具的使用寿命越短；成形有色金属件的模具比成形黑色金属件的模具寿命长；成形件材料与模具材料的亲和力越大，则产生黏着磨损的几率越大，模具的使用寿命越短；坯料的表面越光滑，对模具的受力越均匀，有利于模具寿命的提高。

（3）成形过程中的润滑和冷却

正确选用润滑剂来润滑模具与工件的相对运动表面,可减少模具与工件的直接接触,减少磨损,降低成形力,并在一定程度上阻碍坯料向模具的传热,降低模具的温度,有助于提高模具的使用寿命。有效地冷却可以减缓模具温度的升高,防止由于模具的温度升高,造成其强度下降而产生塑性变形,有利于提高模具的使用寿命。

四、模具制造工艺对使用寿命的影响

模具加工包括模具的外形加工和工作型腔(面)加工两类。模具的外形加工比较简单,可在车床、铣床、刨床、磨床等机械设备上进行,由于模具外形中的各部位在模具工作时,不直接与工件或金属坯料相接触,受力较小,因而其加工质量对模具的使用寿命影响不大;而模具的工作型腔(面)的形状一般复杂,多数部位直接与坯料或工件相接触,承受高压、高温以及剧烈摩擦,对模具的使用寿命影响很大。

①模具工作部位硬度的均匀性模具在热处理时应保证加热和冷却过程的均匀,同时注意防止热处理过程中出现氧化和脱碳现象,淬火后的回火过程应充分,防止出现硬度不均或软点的现象,以获得良好的耐磨性、高的疲劳抗力、高的冷热疲劳性。

②模具型腔的表面粗糙度。降低模具型腔的表面粗糙度值,一方面可以减少成形坯料的流动阻力,降低模具型腔表面的磨损量;另一方面可以减小刀痕、电加工熔斑等表面缺陷和产生裂纹的倾向,提高模具的使用寿命。

③模具的装配精度应注意调整模具安装后的间隙量及均匀性,增加配合承载面及各合模面的接触,保证凸模和凹模受力中心的一致性,提高模具的装配精度,减少磨损量,提高模具的使用寿命。

④模具零件的加工精度、模具零件各工作部位的几何形状,如圆角半径、拔模斜度、刃口角度等部位的加工,应严格按照设计要求进行,在刀具和机床设备不能满足要求时,应由人工进行修磨并进行测量,以保证模具具有合理的受力状态,对于有配合尺寸的部位,应保证其公差或进行配磨。

在切削加工中要注意尺寸准确,同时保证模具零件的表面粗糙度要求,不留下疤痕,不留下超过下道工序加工余量的残迹,否则将严重降低模具的疲劳强度和热疲劳抗力。

在磨削加工过程中,最常见也最严重的缺陷是磨削烧伤和磨削裂纹,两者都会严重降低模具的疲劳强度和断裂抗力,所以在磨削加工时,应切实控制切削厚度和磨削用量,并注意砂轮质量,采用适当的切削液及其足够的用量,防止出现磨削缺陷。

五、模具热处理与表面强化对使用寿命的影响

模具零件的预先热处理包括退火、正火、调质处理等几种工艺方法,可根据模具材料的类别、组织结构和性能要求进行选择。通过预先热处理,可以改善模具材料的组织结构,清除金属坯料的内部组织缺陷,改善材料的切削加工性,提高模具的承载能力和使用寿命。

模具零件的最终热处理主要有淬火和回火工艺,通过淬火和回火可以获得最终的使用性能要求。所以,应严格控制模具的热处理工艺规范,并尽量采用先进的热处理工艺,保证模具使用性能的均匀性。

模具零件的表面强化可以改善模具材料的表面特性,获得硬度、耐磨性、韧性、抗疲劳强度等性能指标的良好配合,得到"外硬里韧"的效果。表面处理方法很多,除常用的渗碳、渗氮、碳

氮共渗、渗硼、渗钒等工艺以外,还有电火花强化、激光强化处理、化学气相沉积、物理气相沉积等工艺,可得到硬度极高,耐磨性、耐蚀性、抗黏合性好的效果,能使模具的寿命提高几倍到几十倍。

☎练一练

1. 模具及模具材料如何分类?
2. 简述模具材料的性能要求及选用原则。
3. 模具失效的原因有哪些?如何预防?

项目三　冷作模具材料

　　冷作模具是指在冷态下完成对金属或非金属材料进行塑性变形的模具，广泛应用于机械、轻工、电器、仪表、汽车等行业。冷作模具材料是目前应用量最大、使用面最广、种类最多的模具材料，主要用于制造冲压、剪切、冷镦、冷挤压、弯曲、拉深等用途的模具。由于各类模具的工作条件、失效形式不同，因而所用材料也不同。目前用于制造冷作模具的材料主要有冷作模具钢、硬质合金、铸铁、陶瓷材料等，但冷作模具钢应用最多，本模块将主要介绍冷作模具钢的特性及热处理工艺特点等内容。

　任务一　冷作模具材料的性能要求
　任务二　冷作模具材料及热处理
　任务三　冷作模具材料及热处理的选用

任务一 冷作模具材料的性能要求

冷作模具种类繁多,结构复杂,在工作中往往受到拉伸、压缩、弯曲、冲击、摩擦等机械力的作用,因而常产生断裂、变形、磨损、咬合等失效形式。因此,冷作模具材料应具有抗变形、抗断裂、抗软化、抗咬合、耐疲劳等使用性能。同时为了便于冷作模具的制造,冷作模具材料还应有良好的加工工艺性能。

一、冷作模具材料的使用性能要求

1. 足够的韧性

对韧性的具体要求,应根据冷作模具的工作条件考虑。对受冲击载荷较大,受偏心弯曲载荷或应力集中等的模具,都需要足够的韧性。冷作模具工作时,很多都是在小能量多次冲击载荷作用下破坏的,是多次重复冲击的损伤积累而引起裂纹的产生和扩展所致。实践表明,模具材料承受小能量多次冲击载荷时,其使用寿命主要取决于模具材料的强度,因此对于模具材料不必追求过高的冲击韧度值。

2. 高的强度

冷作模具的设计和使用,必须保证其具有足够的强度,以防止由于冲击、偏心弯曲载荷、重载荷、应力集中等引起模具的变形、破裂和折断。强度指标主要包括拉伸屈服点、压缩屈服点等,其中压缩屈服点对冷作模具冲头材料的变形抗力影响最大。在材料选定的情况下,高强度的获得,主要是通过适当的热处理工艺进行。

3. 良好的耐磨性

冷作模具工作时,模具与坯料之间会产生很大摩擦。这种摩擦会在模具表面划出一些凸凹不平的痕迹,这些痕迹与坯料表面的凸凹不平相咬合,对模具表面造成磨损破坏,因此应使模具表面具有良好的耐磨性。

影响模具耐磨性的主要因素是材料的硬度和组织,一般模具材料的硬度要求应高于坯料硬度的 30%～50%,模具材料的组织要求为基体上分布着细小、弥散的细颗粒状碳化物的下贝氏体或回火马氏体。

4. 高的抗疲劳性

冷作模具一般是在交变载荷下工作的,所发生的破坏多为疲劳破坏,所以模具材料要求具有较高的抗疲劳性。模具材料抵抗疲劳破坏的能力与很多因素有关,如钢中有带状和网状碳化物、粗大的晶粒;模具表面有凸凹不平的划痕、截面突变及表面脱碳等,都能导致抗疲劳性能的降低。

5. 良好的抗咬合能力

模具工作时,模具表面与坯料表面直接接触,接触处应力高、摩擦力大,坯料可能被模具"冷焊"在模具型腔表面而形成金属瘤,从而在成形工件表面产生划痕。抗咬合能力就是对可能发生"冷焊"的抵抗能力。模具材料抗咬合能力与材料的性质和模具润滑条件有关,如奥氏体不锈钢、精密合金、镍基合金等材料易发生咬合及黏结现象。

二、冷作模具材料的工艺性能要求

冷作模具材料还必须具备良好的工艺性能,主要包括:锻造工艺性、切削工艺性、热处理工艺性等。

1. 锻造工艺性

冷作模具材料,采用锻造工艺不仅可以减少模具的机械加工余量,更重要的是改善材料组织中夹杂物与碳化物的形态、大小与分布状态,细化晶粒,消除材料内部组织缺陷。

良好的锻造工艺性是指可锻性好,即热锻变形抗力小、塑性好,锻造温度范围宽,锻裂、冷裂及析出网状碳化物倾向小。

2. 切削工艺性

切削工艺性是指可加工性和可磨削性。对可加工性的要求是:切削用量大,刀具磨损小,加工表面平滑光洁。

对于冷作模具材料,大多加工性较差。为了获得良好的可加工性,需要正确进行热处理;对于表面质量要求较高的模具可选用含 S、Ca 等元素的易切削模具钢。

模具的尺寸精度和表面粗糙度对加工出的产品质量有很大影响,因此许多模具零件必须经过磨削加工,以达到模具制造要求。对可磨削性的要求是:砂轮相对耗损量小,对砂轮质量及冷却条件不敏感,不易发生磨伤、磨裂。

3. 热处理工艺性

热处理工艺性主要包括:淬透性、淬硬性、回火稳定性、过热敏感性、淬火变形与开裂倾向等。

(1)淬透性和淬硬性

冷作模具材料应具有良好的淬透性和淬硬性,以保证冷作模具能在较缓和的冷却介质中淬火硬化,淬火后易获得高而均匀的硬度(58～64 HRC)和较深的淬硬层,同时也使模具内部获得均匀的应力状态,避免开裂与较大的变形。

(2)回火稳定性

回火稳定性反应了冷作模具受热软化的抗力,可用软化温度(保持硬度 58 HRC 的最高回火温度)和二次硬化(反映钢经过常规热处理后,能否接受表面强化处理,如渗氮等)硬度来评定。回火稳定性愈高,钢的热硬性愈好,在相同的硬度情况下,其韧性也较好。因此对于受到强烈挤压和摩擦的冷作模具,要求其材料具有较高的回火稳定性。一般高强韧性模具钢,二次硬化硬度不应低于 60 HRC,高承载模具钢应达到 62 HRC 以上。

(3)过热敏感性

冷作模具钢热处理过热会得到粗大的马氏体组织,降低模具钢的韧性,增加模具早期断裂的危险性,此外还可导致钢的表面产生脱碳,严重降低模具的耐磨性和寿命。所以要求冷作模具钢过热敏感性小,即加热时不易过热。

(4)淬火变形与开裂倾向

冷作模具钢淬火工艺中,加热、保温、冷却等过程会在材料内部产生热应力和组织应力,容易引起材料的变形与开裂。因此控制加热温度、保温时间、冷却速度等热处理工艺,正确选材,控制材料的原始组织和热处理后组织是防止淬火变形与开裂的重要措施。

三、冷作模具材料的内部冶金质量要求

具有优良的冶金质量才能充分发挥钢的基本特性,模具钢的内部冶金质量与其基本性能具有同等重要意义,冷作模具钢的内部冶金质量主要要求有化学成分的不均匀性、磷和硫的含量、钢中夹杂物、碳化物的不均匀性、疏松等。

①化学成分的不均匀性

模具钢通常是含有多种元素的合金钢,钢在锭模中从液态凝固时,由于选分结晶的缘故,钢液中各种元素在凝固的结构中分布不均匀而形成偏析,这种化学成分的偏析将造成组织和性能的差异,它是影响钢材质量的重要因素之一。

②磷和硫的含量

钢中磷和硫在凝固过程中形成磷化物和硫化物在晶界沉淀,因而会产生晶间脆性,使钢的塑性降低,这样不仅会使钢锭锻轧时在偏析区产生裂纹,而且还降低了钢的力学性能。

③钢中夹杂物

钢中非金属夹杂物在某种意义上可以看成是一定尺寸的裂纹,它破坏了金属的连续性,引起应力集中。在外界应力作用下,裂纹延伸很容易发展扩大而导致模具失效。塑性夹杂物的存在,会随着锻轧过程延展变形,使钢材产生各向异性。同时夹杂物在抛光过程中剥落,会增加模具表面的粗糙度值。因此,对于大型和重要的模具来说,提高钢的纯净度是十分重要的。

④疏松

在钢材的横截面上都会存在通常由液态凝固时产生的疏松和偏析,因而降低了钢的强度和韧性,也严重影响了加工后的表面粗糙度。在一般模具中疏松的存在影响还不大,而在那些如冷轧辊、大型模块、凸模等模具就对它有特别的要求。

任务二　冷作模具材料及热处理

冷作模具钢是应用较广的冷作模具材料,冷作模具钢品种繁多,我国研制和使用过的达40多种。冷作模具钢按化学成分、工艺性能及承载能力不同可分为低淬透性冷作模具钢,低变形冷作模具钢,高耐磨、微变形冷作模具钢等七大类,各类的具体钢号如表3.1所示。

在同一大类中的各种材料具有共同特性,在一定条件下可相互代替。

表 3.1　冷作模具钢的分类

冷作模具钢类型	常用钢号
低淬透性冷作模具钢	T7A、T8A、T10A、T12A、8MnSi、Cr2、9Cr2、Cr06、W、GCr15、V、CrW5
低变形冷作模具钢	9Mn2V、CrWMn、9CrWMn、9Mn2、MnCrWV、SiMnMo 9SiCr
高耐磨、微变形冷作模具钢	Cr12、Cr12MoV、Cr12Mo1V1、Cr5Mo1V、Cr4W2MoV、Cr2 Mn2SiWMoV、Cr6WV、Cr6W3Mo2.5V2.5
高强度、高耐磨冷作模具钢	W18Cr4V、W6Mo5Cr4V2、W12Mo3Cr4V3N
高强韧性冷作模具钢	6W6Mo5Cr4V、6Cr4W3Mo2VNb、7Cr7Mo2V2Si、7CrSiMnMoV、6CrNiMnSiMoV、8Cr2MnWMoVS、5Cr4Mo3SiMnVAl
抗冲击冷作模具钢	4CrW2Si、5CrW2Si、6CrW2Si、60Si2Mn、5CrMnMo、5CrNiMo、5SiMnMoV
高耐磨高强韧性冷作模具钢	9Cr6W3Mo2V2(GM)、Cr8MoWV3Si(ER5)
特殊用途冷作模具钢	9Cr18、Cr18MoV、Cr14Mo、Cr14Mo4、1Cr18Ni9Ti、5Cr21Mn9Ni4W、7Mn15Cr2Al、3V2WMo

一、低淬透性冷作模具钢

1. 常用低淬透性冷作模具钢的特性

常用的低淬透性冷作模具钢有 T7A、T8A、T10A、T12A 及 GCr15 等。T7A、T8A、T10A、T12A 属于碳素工具钢,其中 T7A 为亚共析钢,T8A 为共析钢,T10A、T12A 为过共析钢。GCr15 是专用的轴承钢,但也常用来制造冷作模具,该钢具有过共析成分,并加入少量铬以提高其淬透性及耐回火性。此类钢的特点是含合金元素少,回火抗力低,淬透性低,硬化层浅,因而其承载能力低,因此此类钢主要用于各种中、小批量生产的冷冲模,以及需在薄壳硬化状态使用的整体式冷镦模、冲剪工具等。其化学成分及相对性能对比见表 3.2。

表 3.2 常用低淬透性冷作模具钢化学成分及相对性能

钢 号	化学成分(ω,%)				相对性能对比[①]			
	C	Mn	Si	Cr	淬透性	韧性	耐磨性	淬火工艺
T7A	0.65~0.74	≤0.4	≤0.35	—	1	5	1	1
T8A	0.75~0.84	≤0.4	≤0.35	—	4	4	2	3
T10A	0.95~1.04	≤0.4	≤0.35	—	3	2	3	4
T12A	1.15~1.24	≤0.4	≤0.35	—	2	1	4	2
GCr15	0.95~1.05	0.25~0.45	0.15~0.35	1.40~1.65	5	3	5	5

①性能对比 1→5,表示性能由低到高。

2. 常用低淬透性冷作模具钢的热处理工艺

(1)碳素工具钢退火、正火工艺

经锻造后的碳素工具钢模具毛坯一般需等温球化退火,以细化组织,降低硬度,便于切削加工,为淬火做准备。

若退火前钢中存在较严重的网状渗碳体,则应先正火处理,消除网状渗碳体。若渗碳体网状不太严重,则不一定先正火,只需球化退火时增加保温时间即可。碳素工具钢等温球化退火工艺规范、正火工艺规范见表 3.3。

表 3.3 碳素工具钢球化退火、正火工艺规范

钢 号	退火加热温度/℃	退火等温温度/℃	退火硬度/HBS	正火加热温度/℃	正火硬度/HBS	正火目的
T7A	750~770	680~700	163~187	800~820	229~285	促进球化,硬度小于165HBS 时切削加工性最好
T8A	750~770	680~700	163~187	800~820	241~302	
T10A	750~770	680~700	179~207	830~850	255~321	加速球化或提高淬透性,消除网状渗碳体
T12A	750~770	680~700	179~207	850~870	269~341	

(2)碳素工具钢淬火、回火工艺

碳素工具钢的淬透性低,对于容易淬透的小型模具可采用较低的淬火温度(760 ℃~800 ℃),对于大、中型模具应适当提高淬火温度,或采用高温快速加热工艺。碳素工具钢的淬火冷却方式有水冷、油冷、分级淬火和双介质淬火等几种。碳素工具钢淬火后存在较大的内应力,韧性低,强度也不高,故采用低温回火,以消除残余应力及改善力学性能。碳素工具钢淬火、回火工艺规范见表 3.4。

表 3.4　碳素工具钢淬火、回火工艺规范

钢　号	淬　火			回　火		
	加热温度/℃	淬火介质	硬度/HRC	加热温度/℃	保温时间/h	硬度/HRC
T7A	780～800	盐或碱水溶液	62～64	140～160 160～180	1～2	62～64 58～61
	800～820	油或盐	59～61	180～200	1～2	56～60
T8A	760～770	盐或碱水溶液	63～65	140～160 160～180	1～2	62～64 58～61
	780～790	油或盐	60～62	180～200	1～2	56～60
T10A	770～790	盐或碱水溶液	63～65	140～160 160～180	1～2	62～64 60～62
	790～810	油或盐	61～62	180～200	1～2	59～61
T12A	770～790	盐或碱水溶液	63～65	140～160 160～180	1～2	62～64 61～63
	790～810	油或盐	61～62	180～200	1～2	60～62

（3）GCr15 钢退火、正火工艺

锻造后的 GCr15 钢模具毛坯也需等温球化退火或正火，以细化组织，降低硬度，为切削加工和淬火做准备。

GCr15 钢的锻造性能较好，网状碳化物析出倾向不大，锻造后的组织为细片状珠光体，这样组织不需正火，直接进行球化退火即可。如锻造工艺不当，锻造后出现网状或状条碳化物，由于这两类碳化物不能通过球化退火加以改变，所以必须在球化退火前通过正火处理消除。

GCr15 钢球化退火的加热温度为 770 ℃～790 ℃，保温时间 2～4 h，等温温度为 690 ℃～720 ℃，退火后的组织为细小、均匀的珠光体，硬度为 217～255 HBS。

GCr15 钢的正火加热温度为 900 ℃～920 ℃，冷速不小于 40 ℃～50 ℃。冷却方式因模坯大小而异，小型模坯空冷；较大型模坯鼓风或喷雾冷却；大型模坯油冷至 200 ℃后空冷，但应马上球化退火或去应力退火。

（4）GCr15 钢淬火、回火工艺

GCr15 钢淬火加热温度一般为 830 ℃～860 ℃，多用油冷，淬火后硬度达 63～65 HRC。淬火加热温度的高低因模具有效截面尺寸和淬火介质的不同而稍有差别，尺寸较大或用硝盐分级淬火的模具，宜选用较高的淬火加热温度（840 ℃～860 ℃），以获得足够深度的淬硬层及较高的硬度；尺寸较小或用油冷的模具，宜选用较低的淬火加热温度（830 ℃～850 ℃）；相同规格的模具，在箱式炉中加热应比盐浴炉中加热温度略高。

GCr15 钢采用低温回火，回火温度超过 200 ℃以后，则将进入第一回火脆性区，所以 GCr15 钢的回火温度一般为 160 ℃～180 ℃，回火后硬度为 62～64 HRC。

二、低变形冷作模具钢

低变形冷作模具钢是在碳素工具钢的基础上加入适量的合金元素而发展起来的，属于低合金工具钢。加入的合金元素有 Cr、Mn、Si、W 、V 等，其主要作用是提高钢的淬透性，减少淬火变形开裂倾向；形成特殊碳化物，细化晶粒和提高钢的回火稳定性。因此这类钢的强韧性、耐磨性、热硬性都比碳素工具钢好，使用寿命也较碳素工具钢长，其化学成分及应用特点见表 3.5。

表 3.5　低变形冷作模具钢的化学成分及应用特点

钢 号	化学成分（ω,%）					应用特点
	C	Mn	Cr	W	V	
CrWMn	0.90～1.05	0.80～1.10	0.90～1.20	1.20～1.60	—	我国应用较广,但易形成网状碳化物
9Mn2V	0.85～0.95	1.70～2.00	—	—	0.10～0.25	我国、西欧、捷克普遍使用
MnCrWV	0.95～1.05	1.00～1.30	0.40～0.70	0.40～0.70	0.15～0.30	综合性能优良、各国通用
9SiCr	0.85～0.95	0.30～0.60	0.95～1.25	Si1.20～1.60	—	应用较广
9CrWMn	0.85～0.95	0.90～1.20	0.50～0.80	0.50～0.80		美国、英国最为普及,我国也应用

1. 常用低变形冷作模具钢的特性

最为常用的低变形冷作模具钢是 CrWMn 、9Mn2V 和 9SiCr 钢。CrWMn 钢中 Cr、W 是碳化物形成元素,在淬火及低温回火状态下含有较多的碳化物,因而具有较高的硬度和耐磨性。由于 Cr、W、Mn 的同时加入,使钢具有较高的淬透性,W 还能细化晶粒,使钢获得较好的韧性并减少过热敏感性。Mn 能降低钢的 Ms 点,淬火后残余奥氏体较多,淬火变形小。主要用于制造要求变形小,形状复杂的轻载冲裁模(冲裁厚度小于 2 mm)、拉延模、弯曲模、翻边模等。

9Mn2V 钢碳化物不均匀性比 CrWMn 小,因而冷加工及锻造性能较 CrWMn 好。由于 Mn 的含量高,淬火变形较 CrWMn 更小。但淬透性、淬硬性、回火稳定性、耐磨性及强度稍低于 CrWMn 钢。9Mn2V 不含 Cr、Ni,符合我国资源情况,价格较低,常用于制造一般要求的尺寸较小的冷冲模、落料模、雕刻模等。

9SiCr 钢是低合金工具钢,在我国有很长的应用历史,过去曾称为 9CrSi。因含有 Si 和 Cr,该钢具有较好的淬透性和淬硬性,且回火稳定性较好,适宜分级淬火或等温淬火,这对于防止淬火变形极为有利。Si 还能细化碳化物,可获得均匀细小的粒状碳化物组织。该钢性能介于碳素工具钢与 Cr12 型钢之间。该钢价格低廉,适宜做形状复杂、变形小的轻载冷冲模,如打印模等。

2. 常用低变形冷作模具钢的热处理工艺

(1)CrWMn、9Mn2V、9SiCr 钢退火、正火工艺

CrWMn 钢锻造性能良好,锻造后一般需等温球化退火,退火加热温度为 790 ℃～830 ℃,保温 1～2 h;等温温度为 700 ℃～720 ℃,保温 3～4 h,炉冷后空冷。退火后的组织比较均匀,退火硬度为 207～255 HBS。如果锻造后有较严重的网状碳化物析出,则在球化退火前应进行一次正火处理,正火处理的温度为 930 ℃～950 ℃,然后空冷即可。

9Mn2V 钢碳化物分布较 CrWMn 均匀,锻造后一般只需等温球化退火。退火加热温度为 750 ℃～770 ℃,保温 3～5 h;等温温度为 680 ℃～700 ℃,保温 4～6 h,炉冷后空冷。退火后硬度小于 229 HBS。

9SiCr 钢始锻温度较 CrWMn、9Mn2V 稍低,锻造性能较好,锻造后经等温球化退火,硬度为 217～241 HBS,有利于切削加工。退火加热温度为 780 ℃～810 ℃,保温时间为 2～4 h;等温温度为 680 ℃～720 ℃,保温时间为 4～6 h。

(2)CrWMn、9Mn2V、9SiCr 钢淬火、回火工艺

CrWMn 淬透性较好，淬火变形小。淬火温度为 820 ℃～840 ℃，油淬硬度为 63～65 HRC。在油中的临界淬透直径为 30～50 mm，直径 40～50 mm 的钢件在低于 200 ℃的硝盐浴中冷却即可淬透。CrWMn 采用低温回火，回火温度为为 140 ℃～160 ℃，回火后硬度为 60～62 HRC。

9Mn2V 钢淬透性稍低于 CrWMn 钢，淬火温度为 780 ℃～820 ℃，油淬硬度在 62 HRC 以上。油淬临界直径为 30 mm，直径 60～70 mm 的钢件可在油中淬硬，淬火变形小。9Mn2V 钢采用低温回火，回火温度为 150 ℃～200 ℃，回火后硬度为 60～62 HRC。须注意的是，回火温度在 200 ℃～300 ℃时，有回火脆性及体积膨胀，往往造成模具型腔超差，生产中应加以预防。

9SiCr 钢淬透性好，适宜分级淬火或等温淬火，淬火温度为 860 ℃～880 ℃，油冷，硬度为 62～65 HRC。对于硬度要求低、韧性要求较高的小型模具，可采用 840 ℃～860 ℃淬火。9SiCr 钢回火稳定性较好，回火温度为 180 ℃～200 ℃，回火后硬度为 60～62 HRC。需注意的是 250 ℃附近回火时易出现回火脆性，应避免在此温度回火。

表 3.6 为一些常用低变形冷作模具钢的最终热处理工艺。

表 3.6　常用低变形冷作模具钢的最终热处理工艺

钢　号	淬火工艺				回火工艺	
	预热温度/℃	加热温度/℃	淬火介质	硬度/HRC	回火温度/℃	硬度/HRC
CrWMn	400～650	820～840	油	63～65	140～160	60～62
9Mn2V	400～650	780～820	油	≥62	150～200	60～62
MnCrWV	400～650	780～820	油	≥62	240～260	60～62
9SiCr	600～650	860～880	油	62～65	180～200	60～62
9CrWMn	600～650	820～840	油	64～66	180～230	60～62
SiMnMo	600～650	780～820	油	63～65	150～300	58～62

三、高耐磨、微变形冷作模具钢

低变形冷作模具钢的性能虽然优于碳素工具钢，但其耐磨性、强韧性、变形要求等仍不能满足形状复杂的重载冷作模具的需要。为此发展了高耐磨、微变形冷作模具钢，这些钢的特点是高淬透性、微变形、高耐磨性、高热稳定性（Cr2Mn2SiWMoV 钢除外）、高的抗压强度（仅次于高速钢）。是制造冷冲裁模、冷镦模、螺纹搓丝板的主要材料，其消耗量在冷作模具钢中居于首位。常用高耐磨、微变形冷作模具钢的化学成分及基本特点见表 3.7。

表 3.7　常用高耐磨、微变形冷作模具钢的化学成分及基本特点

钢　号	化学成分(ω,%)							基本特点
	C	Mn	Si	Cr	Mo	V	W	
Cr12	2.0～2.3	≤0.4	≤0.4	11.5～13	—	—	—	高耐磨性、高抗压性
Cr12MoV	1.45～1.7	≤0.35	≤0.4	11～12.5	0.4～0.6	0.15～0.3	—	综合性能好、适应性广
Cr12Mo1V1(D2)	1.40～1.60	≤0.60	≤0.60	11～13	0.7～1.2	≤1.1	—	高耐磨、高强韧
Cr6WV	1.0～1.15	≤0.4	≤0.4	5.5～7	—	0.5～0.7	1.1～1.5	高强度、变形均匀
Cr4W2MoV	1.12～1.25	≤0.4	0.4～0.70	3.5～4	0.8～1.2	0.8～1.1	1.9～2.6	高耐磨、高热稳定性
Cr2Mn2SiWMoV	1.0～1.10	1.6～2.5	0.70～0.90	1.7～2.5	0.5～0.7	0.15～0.25	0.80～1.20	低温淬火、变形均匀

1. 常用高耐磨、微变形冷作模具钢的特性

最为常用的高耐磨、微变形冷作模具钢是 Cr12、Cr12MoV、Cr12Mo1V1（D2）、Cr4W2MoV，其中 Cr12、Cr12MoV 统称为 Cr12 型钢。

（1）Cr12 型钢

Cr12 型钢中有大量的铬元素（高达 12%），因而其硬度很高，耐磨性好。铬又是提高淬透性的元素，所以 Cr12 型钢淬透性高，截面尺寸为 300～400 mm 以下的模具在油中完全可淬透，控制淬火温度可调节残余奥氏体量实现微变形淬火。Cr12MoV 在 Cr12 基础上加入了Mo、V 且降低了碳含量，因而强度和韧性有所改善。Cr12 型钢属莱氏体钢，钢中有大块状的共晶碳化物和较严重的网状碳化物，尤以 Cr12（含碳量高）最为突出，因而限制了其应用范围。

Cr12 型钢是目前应用范围最广、数量最大的冷作模具钢，几乎所有冷作模具中均有应用。Cr12 多用于制造承受冲击负荷小、要求高耐磨的冷冲模、搓丝板、拉深模等模具；Cr12MoV 多用于形状复杂、高精度或重载荷的冷作模具。

（2）Cr12Mo1V1（D2）

Cr12Mo1V1 简称 D2 钢，是仿照美国 ASTM 标准中的 D2 而引进的新钢种，已纳入GB1299—85《合金工具钢技术条件》中。与 Cr12MoV 相比，由于 D2 钢中的 Mo、V 含量增加，改善了钢的铸造组织、细化了晶粒、改善了碳化物分布状况，提高了淬透性，使得 D2 钢的强韧性、抗回火稳定性、耐磨性较 Cr12MoV 高，制作的模具的使用寿命较 Cr12MoV 长。实践表明，用 D2 钢制作的冷冲模、滚丝模等模具的使用寿命比 Cr12MoV 提高 5～6 倍。虽然 D2 钢综合性能优于 Cr12MoV，但锻造性、热塑成型性比 Cr12MoV 稍差，用于代替 Cr12 型钢制造大型复杂的冷作模具，如冷切剪刀、切边模等。D2 钢与 Cr12MoV 钢力学性能对比见表 3.8。

表 3.8 D2 钢与 Cr12MoV 钢力学性能对比

钢 号	淬火温度/℃	力学性能			
		抗弯强度 σ_{bb}/MPa	挠度 f/mm	冲击韧度 a_k/J·cm^{-2}	硬度/HRC
D2	1020	3 262	3.30	40	59.3
Cr12MoV		2 888	2.68	40	61
D2	1060	1 550	1.43	35.5	61.1
Cr12MoV		796	0.91	10	61.5

（3）Cr4W2MoV 钢

Cr4W2MoV 钢是针对 Cr12 型钢碳化物不均匀性比较严重、使用中脆断倾向很大而研制的新钢种。Cr4W2MoV 钢成分特点是：Cr 含量减少了 2/3，W、Mo 含量较多。因此大规格钢材的碳化物不均匀性有了很大改善，并且具有良好的耐磨性、淬透性和二次硬化能力及尺寸胀缩可调节性，是 Cr12 型钢的替代产品。Cr4W2MoV 钢与 Cr12MoV 钢性能对比见表 3.9。

表 3.9 Cr4W2MoV 钢与 Cr12MoV 钢性能对比

钢 号	热处理条件	硬度/HRC	相对磨损量/%
Cr12MoV	980 ℃淬火，200 ℃回火 2 次	63～64	83.2
Cr4W2MoV		62～63	31.2
Cr12MoV	1020 ℃淬火，200 ℃回火 2 次	61～62	64.6
Cr4W2MoV		61～62	45.9

注：磨损时间 3 h。

2. 常用高耐磨、微变形冷作模具钢热处理工艺

(1)Cr12 型钢、D2 钢、Cr4W2MoV 钢退火工艺

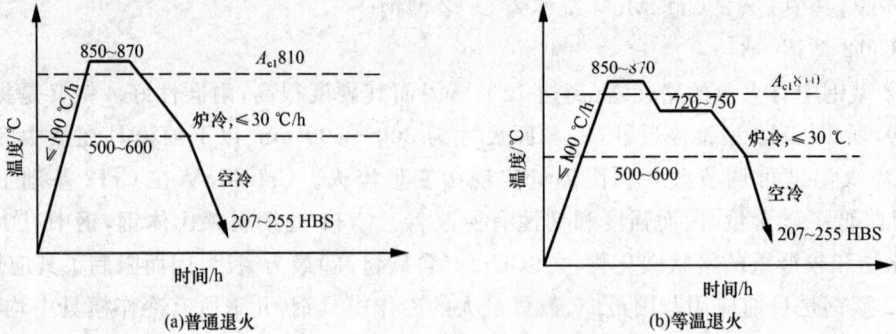

图 3.1　Cr12MoV 退火工艺曲线

Cr12 型钢、D2 钢、Cr4W2MoV 钢锻造后为消除内应力和便于以后的切削加工可采用普通退火,但最好采用等温退火工,其等温退火工艺参数见表 3.10,Cr12MoV 退火工艺曲线如图 3.1 所示。

表 3.10　Cr12、D2、Cr4W2MoV 退火工艺参数

钢　号	加热温度/℃	保温时间/ h	等温温度/℃	保温时间/ h	硬度/HBS
Cr12	830～850	2～4	720～740	3～4	217～267
Cr12MoV	850～870	2～4	720～740	3～4	207～255
Cr12Mo1V1(D2)	850～870	2～4	740～760	4～6	≤255
Cr4W2MoV	860～920	3～4	750～770	5～6	≤241

(2)Cr12 型钢、D2 钢、Cr4W2MoV 钢淬火、回火工艺

Cr12 型钢、D2 钢、Cr4W2MoV 钢,淬火温度范围大,一般在 950 ℃～1 150 ℃之间;回火温度范围较宽,一般为 150 ℃～550 ℃。需注意的是,对于 Cr12 型钢、D2 钢应避开 270 ℃～350 ℃之间的回火脆性区。究竟采用哪种淬火、回火工艺要视具体情况而定,如 Cr12MoV、Cr12Mo1V1(D2)钢采用低淬低回工艺,即淬火加热温度为 950 ℃～1 000 ℃,回火温度 200 ℃,可获得高的硬度和韧性,但抗压强度较低;采用中淬中回工艺,即淬火加热温度为 1 030 ℃,回火温度 400 ℃,可获得最好的强韧性和较高的断裂能力;采用高淬高回工艺,即淬火加热温度为 1 050 ℃～1 150 ℃,回火温度为 500 ℃～550 ℃,可获得较高硬度及高抗压强度,但韧性较差。高耐磨、微变形冷作模具钢最终热处理工艺见表 3.11。

表 3.11　高耐磨、微变形冷作模具钢最终热处理工艺

钢　号	淬火工艺					回火工艺	
	预热温度/℃	加热温度/℃	淬火介质	硬度/HRC	回火温度/℃	硬度/HRC
Cr12	800～850	950～980	油	61～64	150～200	50～62
		1 000～1 100	油	40～60	480～500	60～63
Cr12MoV	800～850	1 000～1 020	油	62～64	200	61～63
		1 050～1 140	油	40～60	500～550	60～61

续表

钢 号	淬火工艺					回火工艺	
	预热温度/℃	加热温度/℃	淬火介质	硬度/HRC	回火温度/℃	硬度/HRC	
Cr12Mo1V1(D2)	800～850	1 000～1 020	油	62～64	200	61～63	
		1 050～1 140	油	40～60	500～550	60～61	
Cr6WV	800～850	950～970	油	62～64	150～170	62～63	
					190～210	58～60	
		990～1 010	硝盐或碱	62～64	500	57～58	
Cr4W2MoV	800～850	960～980	油或空	≥62	280～300	60～62	
		1 020～1 040	油或空	≥62	500～540	60～62	
Cr2Mn2SiWMoV	800～850	850～870	空冷	≥62	180～200	62～64	
		830～850	油或空	≥62	180～200	62～64	
Cr6W3Mo2.5V2.5	800～850	1100～1160	油	≥60	520～560	64～66	

四、高强度、高耐磨冷作模具钢

高强度、高耐磨冷作模具钢通常指的是高速钢，常用的高速钢有 W18Cr4V、W6Mo5Cr4V2、W12Mo3Cr4V3N(V3N)等。

高速钢多用于要求重载荷、长寿命的冷作模具，如冷挤压模、冷冲裁模等，现已成为重载冲头的基本材料。常用的高强度、高耐磨冷作模具钢的化学成分见表 3.12。

表 3.12　高强度、高耐磨冷作模具钢的化学成分

钢 号	化学成分(ω,%)				
	C	Cr	W	Mo	V
W18Cr4V	0.70～0.80	3.80～4.40	17.50～19.00	—	1.00～1.40
W6Mo5Cr4V2	0.80～0.90	3.80～4.40	5.55～6.75	4.50～5.50	1.75～2.20
W12Mo3Cr4V3N	1.10～1.25	3.50～4.10	11.00～12.50	2.50～3.50	2.50～3.10

注：W12Mo3Cr4V3N 含 N 量为 0.04～0.10。

1. 常用高强度、高耐磨冷作模具钢的特性

最为常用的高强度、高耐磨冷作模具钢是高速钢 W18Cr4V 和 W6Mo5Cr4V2。高速钢含合金元素较多，主要有 Cr、W、Mo、V 等，Cr 主要提高钢的淬透性；W、Mo 能形成特殊碳化物，不仅增加钢的耐磨性，而且在回火时析出造成二次硬化，保证热硬性；V 是以稳定的 VC 存在，可细化晶粒，提高钢的耐磨性和热硬性。所以高速钢具有高强度、高抗压性、高耐磨性和高热稳定性。

钨系高速钢 W18Cr4V 具有良好的综合性能，但由于钨含量高、价格贵，碳化物分布不均匀、脆性大、工艺性能不佳，所以其应用受到一定限制。钼系高速钢 W6Mo5Cr4V2，由于用钼代替一部分钨，所以碳化物颗粒细小、分布均匀，其强度与韧性都较 W18Cr4V 好。又由于含钒量较多，故耐磨性优于 W18Cr4V，但热硬性略低于 W18Cr4V，应用较 W18Cr4V 广。

W6Mo5Cr4V2 与 Cr12MoV 钢相比，韧性、扭转性能和耐磨性稍差，其他性能优于 Cr12MoV 钢，性能比较见表 3.13 和图 3.2。

表 3.13　W6Mo5Cr4V2 与 Cr12MoV 钢力学性能比较

钢　号	抗弯强度 σ_{bb}/MPa	抗弯屈服点 σ_S/MPa	抗压强度 σ_b/MPa	抗扭强度 τ_b/MPa	冲击韧度 a_k/J·cm^{-2}
Cr12MoV	3 500	2 050	6 000	1 850	34
W6Mo5Cr4V2	4 500	3 660	6 000	1 740	21

注:比较条件为 61 HRC。

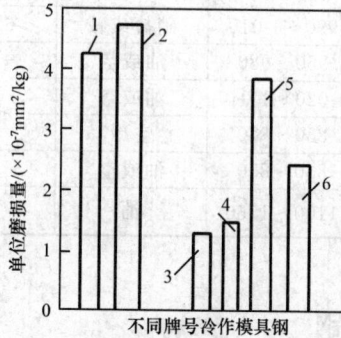

图 3.2　几种冷作模具钢的耐磨性比较
1. CrW;2. CrWMn;3. Cr12;4. Cr12MoV;5. Cr5Mo;6. W6Mo5Cr4V2

2. 常用高强度、高耐磨冷作模具钢热处理工艺

(1)W18Cr4V、W6Mo5Cr4V2 钢退火工艺

高速钢属莱氏体钢,钢中的碳化物呈现严重的带状或网状,因此用于制造模具的高速钢必须通过反复锻造来改善碳化物分布状况。锻造后应立即退火,以降低硬度、消除应力、便于机械加工。高速钢的退火有普通球化退火和等温退火两种工艺,其退火工艺参数见表 3.14。

表 3.14　高速钢的退火工艺参数

钢　号	退火方法	加热温度/℃	保温时间/h	冷却方式	硬度/HBS
W18Gr4V	普通退火	860~880	2~4	以(20~30)℃/h 冷却到 500 ℃~600 ℃,炉冷	≤277
	等温退火	860~880	2~4	炉冷至 740 ℃~760 ℃,保温 2~4 h,再炉冷到 500 ℃~600 ℃,空冷	≤255
W6Mo5Cr4V2	普通退火	840~860	2~4	以(20~30)℃/h 冷却到 500 ℃~600 ℃,炉冷	≤285
	等温退火	840~860	2~4	炉冷至 740 ℃~760 ℃,保温 2~4 h,再炉冷到 500 ℃~600 ℃,空冷	≤255

(2)W18Cr4V、W6Mo5Cr4V2 钢淬火、回火工艺

W18Cr4V 和 W6Mo5Cr4V2 高速钢淬火、回火工艺较特殊。第一,高速钢的加热温度高,W18Cr4V 达 1 200 ℃~1 300 ℃,W6Mo5Cr4V 为 1 150 ℃~1 200 ℃,目的是使钢中难溶的碳化物充分溶入奥氏体中,以便淬火后得到高硬度的马氏体,回火后得到高的热硬性。第二,高速钢合金元素含量高,导热性差,淬火温度高,淬火加热速度不能太快,所以淬火时应进行一次或两次预热。

淬火后的组织处于不稳定状态,内应力高,脆性大,故必须进行回火。高速钢一般都在二次硬化峰值温度或稍高一些的温度(通常550 ℃~575 ℃)回火,并且进行多次回火(一般是三次)。在550 ℃~575 ℃回火时,高速钢会析出高弥散的W、Mo、V的碳化物,特别是V的碳化物,使回火后的高速钢硬度显著提高,即发生"二次硬化"现象。当回火温度超过600 ℃时,钢的硬度下降。W18Cr4V钢淬火、回火工艺如图3.3所示。高强度、高耐磨冷作模具钢最终热处理工艺见表3.15。

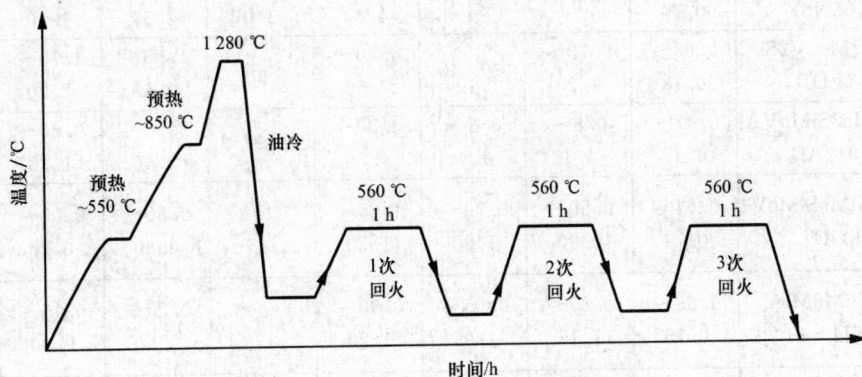

图 3.3　W18Cr4V 钢淬火、回火工艺

表 3.15　高强度、高耐磨冷作模具钢最终热处理工艺

钢　号	淬火工艺								回火工艺				
	第一次预热		第二次预热			淬火加热		冷却介质	硬度/HRC	温度/℃	时间/h	次数	冷却	硬度/HRC
	温度/℃	时间/h	温度/℃	时间/s·mm⁻¹	介质	温度/℃	时间/s·mm⁻¹							
W18Gr4V	400	1	850	24	盐炉	1260~1280	15~20	油	67	560	1	3	空	≥60
W6Mo5Cr4V2	400	1	850	24	盐炉	1150~1200	20	油	65~66	550	1	3	空	60~64

五、高强韧性冷作模具钢

长期以来,重载冷镦、冷挤压、中厚板冷冲裁模具等均采用高耐磨钢(高速钢、高碳高铬钢)制造。尽管这些钢具有高硬度、高耐磨等性能,但这些钢的韧性较低,模具的早期脆断失效严重,使用寿命不长。近年来国内外研制开发了多种高强韧性冷作模具钢,具有较佳的强韧性配合,其强度、韧性、冲击疲劳断裂能力,均优于高耐磨钢(高速钢、高碳高铬钢),而抗压强度及耐磨性逊于前者,但使用寿命较高耐磨钢大为提高。高强韧性冷作模具钢包括降碳高速钢、基体钢、低合金高强度钢及马氏体时效钢等,常用的高强韧性冷作模具钢的化学成分见表3.16。

表 3.16　高强韧性冷作模具钢的化学成分

类型	钢号	化学成分(ω,%)							
		C	Si	Mn	Cr	W	Mo	V	其他
降碳高速钢	6W6Mo5Cr4V (6W6)	0.55~0.65	≤0.35	≤0.66	3.70~4.30	6.00~7.00	4.50~5.50	0.70~1.10	—
基体钢	6Cr4W3Mo2VNb (65Nb)	0.60~0.70	≤0.35	≤0.40	3.80~4.40	2.50~3.0	2.0~2.50	0.80~1.10	Nb0.20~0.35
	7Cr7Mo2V2Si (LD)	0.68~0.78	0.70~1.20	≤0.40	6.50~7.50	—	1.90~2.50	1.70~2.20	—
	5Cr4Mo3SiMnVAl (012Al)	0.47~0.57	0.8~1.1	0.8~1.1	3.80~4.30	—	2.80~3.40	0.80~1.20	Al0.30~0.70
低合金高强度钢	6CrNiMnSiMoV (GD)	0.64~0.74	0.50~0.90	0.70~1.00	1.00~1.00	—	0.00~0.60	0.10~0.20	Ni0.70~1.00
	7CrSiMnMoV (CH—1)	0.65~0.75	0.85~1.15	0.65~1.05	0.90~1.20	—	0.20~0.50	0.15~0.30	火焰淬火钢
马氏体时效钢	18Ni	0.04	0.05	—	—	—	4.54	—	Ni18.09, CO12.16, Ti1.27

1. 常用高强韧性冷作模具钢的特性

常用的高强韧性冷作模具钢是降碳高速钢 6W6Mo5Cr4V（6W6）、基体钢 6Cr4W3Mo2VNb(65Nb)、7Cr7Mo2V2Si(LD)及低合金高强度钢 6CrNiMnSiMoV(GD)等。

（1）6W6Mo5Cr4V(6W6)

6W6Mo5Cr4V(6W6)属于降碳减钒型钼系高速钢。与 W6Mo5Cr4V2 相比,碳含量降低 20%,钒含量降低 50%。由于碳、钒含量降低,碳化物总量减少,碳化物不均匀性得到改善。淬火硬化状态的抗弯强度和塑性提高了 30%~50%,冲击韧度提高了 50%~100%,但仍保持了良好的二次硬化能力和热稳定性。该钢的缺点是,碳含量低、易脱碳、耐磨性稍差。6W6Mo5Cr4V(6W6)是我国目前较成熟的高强韧性、高承载能力的冷作模具钢 ,主要用于取代高速钢或高碳高铬钢制作易于脆断或劈裂的冷镦、冷挤压凸模,可成倍提高模具的使用寿命,用于大规格的圆钢下料剪刀,能提高寿命数十倍。

（2）6Cr4W3Mo2VNb(65Nb)

所谓基体钢是指具有高速钢正常淬火后基体成分的钢。6Cr4W3Mo2VNb 是一种含 Nb 的典型基体钢,曾以 65Nb 、65Cr4W3Mo2VNb 等不同名称出现。钢中合金元素 Cr、W、Mo、V 含量设计是取自淬火状态的高速钢 W6Mo5Cr4V2 基体成分,合金元素在钢中的作用与在高速钢中相似,保证了钢的高强度、高硬度和高耐磨性。与 W6Mo5Cr4V2 相比,钢中还加入少量的强碳化物元素 Nb,Nb 易与钢中的碳形成稳定的 NbC,不仅阻碍奥氏体晶粒长大,而且使淬火后基体的含碳量降低,显著提高了钢的韧性,并改善了钢的工艺性能。

6Cr4W3Mo2VNb(65Nb)是一种高强韧性冷、热兼用模具钢,主要用于制作形状复杂的有色金属挤压模、冷冲模、冷剪模及单位挤压力为 2 500 MPa 左右的黑色金属挤压模,也可用于轴承、标准件等行业的锻模、冲模及剪切模,可获得较高速钢及 Cr12MoV 钢数倍使用寿命。

(3)7Cr7Mo2V2Si(LD)

7Cr7Mo2V2Si(LD)是一种不含钨的基体钢,钢中 C、Cr、Mo、V 含量都比 65Nb 高,所以钢的淬透性和二次硬化能力有了提高,未溶的 VC 还能显著细化奥氏体晶粒,提高了钢的韧性和耐磨性。钢中加入 1% 含量的硅,具有强化基体、增强二次硬化效果,并提高钢的回火稳定性。因此 7Cr7Mo2V2Si(LD)在保持高韧性的情况下,其抗压、抗弯强度及耐磨性均比 65Nb 钢高,具有较高的综合性能。

7Cr7Mo2V2Si(LD)广泛用于制造冷挤压模、冷镦模、冲压模和弯曲模等模具,其寿命比高速钢、高铬钢提高几倍到几十倍。其使用寿命与高速钢、高铬钢比较见表 3.17。

表 3.17　7Cr7Mo2V2Si(LD)使用寿命对比　　　　　　千件

模具名称	汽车板簧冲模	切边模	轴承滚珠凹模	内六角凸模
原寿命	0.40~0.60 (Cr12MoV)	0.50~0.60 (Cr12MoV)	4~5 (Cr12MoV)	2~3 (W18Gr4V)
现寿命	4.5	35	11	8

(4)6CrNiMnSiMoV(GD)

基体钢虽然具有高强韧性和较好的耐磨性,但合金元素总含量大于 10%,成本较高,其次淬火温度区间较窄,一般不能用箱式电阻炉加热淬火,限制了在中、小企业的推广使用。6CrNiMnSiMoV(GD)就是针对基体钢的上述缺陷而研制的一种新钢种。

6CrNiMnSiMoV(GD)属于低合金高强韧性冷作模具钢,它是在 CrWMn 基础上,适当降低了碳,添加了镍、硅、锰等合金元素,合金元素总含量控制在 4% 左右。GD 钢强韧性高,强韧性指标接近钢基体钢,有些韧性指标甚至超过基体钢。GD 钢的冲击韧度、小能量多次冲击寿命、断裂韧度、抗压屈服点、抗弯屈服点显著高于 Cr12MoV 钢和 CrWMn 钢,但耐磨性略低于 Cr12MoV,优于 CrWMn。GD 钢强韧性对比见表 3.18。

GD 钢可替代 CrWMn、Cr12MoV、9Mn2V、GCr15、9SiCr 等制造各种异形、细长薄片冷冲凸模,形状复杂的大型凸凹模,中厚板冲裁模及剪刀片,精密塑料模等,模具寿命能延长几倍甚至数百倍。

表 3.18　GD 钢强韧性对比

钢　号	冲击韧度 a_k/J·cm^{-2}	多冲寿命 $N \times 10^4$/次	断裂韧度 K_{IC}/MPa·mm$^{1/2}$	抗弯屈服点 $\sigma_{0.2b}$/MPa	抗压屈服点 $\sigma_{0.2c}$/MPa
6CrNiMnSiMoV(GD)	128.5	4.23	25.4	3 090	2 776
CrWMn	76.5	2.82	15.2	3 119	2 668
Cr12MoV	44.2	—	16.6		2 690

(5)5Cr4Mo3SiMnVAl(012Al)

5Cr4Mo3SiMnVAl(012Al)也是一种基体钢,与其他基体钢不同的是,钢中加入了适量的Al,提高了钢的冲击韧度及热加工塑性。该钢综合性能好,强韧性高,有较高的抗弯强度、弯曲挠度、冲击韧度、抗压屈服点,其抗弯强度、弯曲挠度均高于高速钢 W18Gr4V 和3 Cr2W8V,并且通用性强,是一种冷、热兼用模具钢,用 012Al 代替高速钢制作冷镦模、中厚板凸模、切边模、内六角凸模等时,很少出现折断现象,其使用寿命大幅提高,表 3.19 是 012Al 钢与

Cr12MoV 钢冷作模具使用寿命对比情况。

表 3.19　012Al 钢与 Cr12MoV 钢冷作模具使用寿命对比

模具名称	模具使用寿命/千次		损坏形式
	Cr12MoV	012Al	
M12 螺母凸模	20～30	120	折断
M12 切边模	5	＞5	磨损超差
内六角凸模	1.5～2.0(60Si2)	3.0～3.5	头部疲劳折断
冷挤凹模垫片	0.4	1.2	掉块损坏
M6 十字凸模	30～60	＞100	疲劳断裂

2. 常用高强韧性冷作模具钢的热处理工艺

(1)6W6Mo5Cr4V(6W6)热处理工艺

①6W6Mo5Cr4V(6W6)退火工艺

6W6Mo5Cr4V(6W6)锻后都要进行退火处理,可采用普通球化退火和等温球化退火。普通球化退火工艺为:加热温度为850 ℃～860 ℃,保温 1～2 h,炉冷到550 ℃后出炉空冷。等温退火工艺为:加热温度为 850 ℃～860 ℃,保温 1～2 h,等温温度为 740 ℃～750 ℃,保温 4～6 h,炉冷到 550 ℃后出炉空冷,退火硬度为197～255 HBS。6W6Mo5Cr4V(6W6)锻后等温退火工艺曲线如图 3.4 所示。

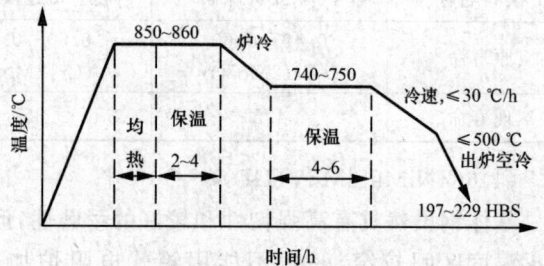

图 3.4　6W6Mo5Cr4V(6W6)等温退火工艺曲线

②6W6Mo5Cr4V(6W6)淬火、回火工艺

为了获得良好的韧性和较高的耐磨性,通常采用较低温度淬火、较高温度回火。淬火加热温度为 1 180 ℃～1 200 ℃,回火温度为 560 ℃～580 ℃、回火 3 次、每次 1.5 h,回火后硬度为60～63 HRC。

(2)6Cr4W3Mo2VNb(65Nb)热处理工艺

①6Cr4W3Mo2VNb(65Nb)退火工艺

6Cr4W3Mo2VNb(65Nb)钢锻后都要进行退火处理,65Nb 退火工艺有普通球化退火和等温球化退火两种。普通球化退火工艺为:加热温度为 860 ℃,保温 3～4 h,炉冷到 500 ℃后出炉空冷。等温退火工艺为:加热温度为 860 ℃,保温 3～4 h,等温温度为 730 ℃～750 ℃,保温 5～6 h,炉冷到 500 ℃后出炉空冷,退火硬度为 217 HBS 左右。6Cr4W3Mo2VNb(65Nb)锻后等温退火工艺曲线如图 3.5 所示。

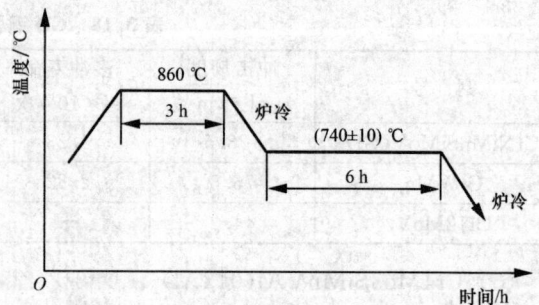

图 3.5　6Cr4W3Mo2VNb(65Nb)等温退火工艺曲线

值得注意的是如将退火等温保温时间由 6 h 延长到 9 h,则硬度可降至 180 HBS 左右,这就为模具本身的冷挤压成型提供了条件,这是 65Nb 钢的最大优点。

②6Cr4W3Mo2VNb(65Nb)淬火、回火工艺

65Cr4W3Mo2VNb(65Nb)淬火温度一般取 1 080 ℃～1 180 ℃,淬火加热时间应保证碳化物充分溶解、分布均匀及控制晶粒长大,一般在盐浴炉中的加热系数以 15～20 s/mm 为宜。冷却方式可采用油冷、油淬-空冷和分级淬火等。65Nb 钢回火温度为 520 ℃～580 ℃,一般采用二次回火。65Nb 具体淬火、回火工艺应根据不同模具的要求而定,表 3.20 是 65Nb 钢几种常用的最终热处理工艺规范。

表 3.20 65Nb 钢最终热处理工艺规范

工艺方案		方案一	方案二	方案三	方案四
淬火	温度/℃	1 140～1 160	1 120～1 140	1 080～1 120	1 160～1 180
	时间/min	15	20	20	15
	冷却方式	油冷	油淬-空冷或分级淬火	油冷	油淬-空冷
回火	温度/℃	520～540	540～560	540～580	560～580
	时间/min	60	60	60	60
硬度/HRC		61～63	58～60	57～59	59～61
应用举例		不锈钢表壳冷挤压模	十字槽螺钉凸模	电子管阳极凸模	螺栓切边模

(3)7Cr7Mo2V2Si(LD)热处理工艺

①7Cr7Mo2V2Si(LD)退火工艺

7Cr7Mo2V2Si(LD)钢锻后可采用普通球化退火和等温球化退火。普通球化退火工艺为:加热温度830 ℃～860 ℃,保温 2～3 h,以不超过 30 ℃/ h 炉冷到550 ℃后出炉空冷。等温退火工艺为:加热温度 830 ℃～860 ℃,保温 2～3 h,冷到 750 ℃～770 ℃等温 4～6 h,随后以不超过30 ℃/h 炉冷到 550 ℃后出炉空冷。退火后硬度为 220～270 HBS。

②7Cr7Mo2V2Si(LD)淬火、回火工艺

7Cr7Mo2V2Si(LD)淬火温度范围较宽,为 1 100 ℃～1 150 ℃。淬火后约有 34% 的残余奥氏体,所以淬火变形小。为使残余奥氏体充分转变为马氏体,必须进行高温回火,回火温度为 530 ℃～570 ℃,回火次数为 2～3 次,每次1～2 h,回火硬度为 57～63 HRC。LD 钢具体淬火、回火工艺应根据模具的使用要求来选择,如要求以强韧性为主的模具,宜采用较低的淬火温度(1 100 ℃)和 550 ℃左右的回火。表 3.21 列出了 LD 钢不同温度淬火、回火工艺时的性能,供选用时参考。

表 3.21 LD 钢不同温度淬火、回火工艺时的性能

淬火、回火工艺		抗拉强度 σ_b/MPa	抗压屈服点 $\sigma_{0.2c}$/MPa	抗弯强度 σ_{bb}/MPa	挠度 f/mm
1 100 ℃淬火	530 ℃×1 h×3 次回火	2 480	2 820	5 520	8.9
	550 ℃×1 h×3 次回火	2 580	2 550	5 430	16.5
	570 ℃×1 h×3 次回火	2 500	2 340	4 990	16.5
1 150 ℃淬火	530 ℃×1 h×3 次回火	2 360	2 920	4 670	4.7
	550 ℃×1 h×3 次回火	2 680	2 865	5 590	12.7
	570 ℃×1 h×3 次回火	2 680	2 660	5 190	8.3

（4）6CrNiMnSiMoV(GD)热处理工艺

①6CrNiMnSiMoV(GD)退火工艺

6CrNiMnSiMoV(GD)钢退火的最大弱点是退火不易软化，最佳的等温球化退火工艺为：加热温度 760 ℃～780 ℃，保温 2 h，以不超过 30 ℃/h 炉冷到 680 ℃保温 6 h，然后炉冷到 550 ℃后出炉空冷，其等温球化退火工艺曲线如图 3.6 所示。退火后硬度为 230～240 HBS，且球化组织良好，切削加工性能较好。

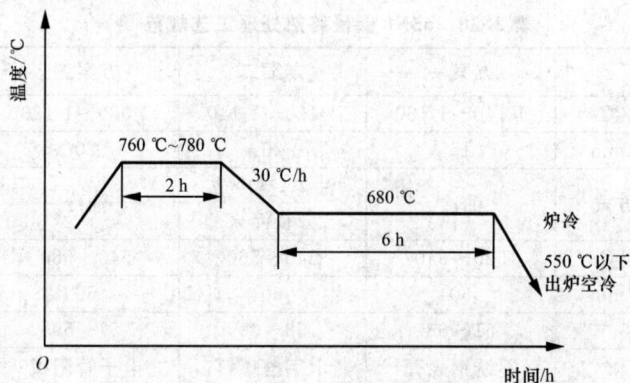

图 3.6　6CrNiMnSiMoV(GD)等温退火工艺曲线

②6CrNiMnSiMoV(GD)淬火、回火工艺

6CrNiMnSiMoV(GD)淬透性良好，空淬即可淬硬，淬火变形比 CrWMn 钢小，如 φ60 mm×120 mm 试样 880 ℃油淬，整个截面硬度为 64～65 HRC，空淬硬度为 61 HRC。GD 钢不仅淬火温度低，温度范围宽，而且回火温度低，有利于节能。其最佳的淬火、回火工艺为：淬火加热温度为 870 ℃～930 ℃，以 900 ℃最佳；盐浴加热，加热系数以 45 s/mm 为宜，可采用油淬、空冷或风冷；回火温度为 175～230 ℃，回火一次 2 h，回火硬度为 58～62 HRC。

（5）5Cr4Mo3SiMnVAl(012Al)热处理工艺

①5Cr4Mo3SiMnVAl(012Al)退火工艺

5Cr4Mo3SiMnVAl(012Al)钢锻后应进行等温球化退火，退火加热温度为 850 ℃～870 ℃，保温 4 h，以不超过 30 ℃/h 炉冷到 710 ℃～720 ℃保温 6 h，再以 30～50 ℃/h 炉冷到 600 ℃出炉空冷。012Al 等温球化退火工艺曲线如图 3.7 所示。

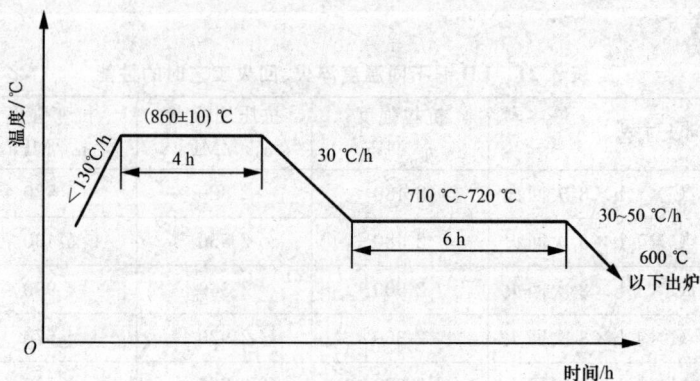

图 3.7　5Cr4Mo3SiMnVAl(012Al)等温退火工艺曲线

②5Cr4Mo3SiMnVAl(012Al)淬火、回火工艺

5Cr4Mo3SiMnVAl(012Al)淬火温度在1 090 ℃～1 120 ℃之间为宜,超过1 120 ℃,随淬火温度升高,硬度增加不显著;低于1 090 ℃,硬度偏低。012Al回火时有二次硬化现象,在500 ℃～520 ℃回火时出现硬度峰值。须注意的是,该钢在580 ℃～620 ℃回火慢冷时,会出现第二类回火脆性,故在此温度回火时必须快冷。012Al钢推荐的淬火、回火工艺为:1 090 ℃～1 120 ℃盐浴炉加热,加热系数为30 s/mm,油淬,500 ℃～520 ℃回火两次,每次2 h,回火硬度为60～62 HRC。

六、抗冲击冷作模具钢

抗冲击冷作模具钢主要有弹簧钢60Si2Mn,耐冲击工具钢4CrW2Si、5CrW2Si、6CrW2Si及热作模具钢5CrMnMo、5CrNiMo、5SiMnMoV等。这些钢的特点是碳化物少,组织均匀,淬火组织以板条状马氏体为主。由于多元合金的固溶强化和回火碳化物的弥散强化,使其具有高强度、高韧性、高冲击疲劳抗力及较好的耐磨性。但抗压强度低,热稳定性差,淬火变形难以控制。常用的抗冲击冷作模具钢的化学成分见表3.22(热作模具钢的化学成分见项目四)。

表3.22　抗冲击冷作模具钢的化学成分及特点

钢　号	化学成分(ω,%)				
	C	Mn	Si	Cr	W
60Si2Mn	0.56～0.64	0.60～0.90	1.50～2.00	—	—
4CrW2Si	0.35～0.45	—	0.80～1.10	1.0～1.3	2.0～2.5
5CrW2Si	0.45～0.55	—	0.50～0.80	1.0～1.3	2.0～2.5
6CrW2Si	0.55～0.65	—	0.50～0.80	1.0～1.3	2.2～2.7

1. 典型抗冲击冷作模具钢的特性

典型抗冲击冷作模具钢是铬钨硅系的4CrW2Si、5CrW2Si和6CrW2Si钢,属于耐冲击工具钢,具有较高的强韧性和耐磨性。此类钢淬透性较高,6CrW2Si淬硬性最好,淬火硬度达60～62 HRC。4CrW2Si和5CrW2Si含碳量稍低,淬硬性稍低,但渗碳淬火后,表面硬度和热稳定性显著提高,综合力学性能良好。

它们既可作冷作模具钢,又可作耐冲击风动工具用钢,4CrW2Si渗碳淬火后具有外硬内韧的特点,承载能力及耐磨性均超过低淬透性冷作模具钢,主要用于制造大中型重载冷镦冲头等;5CrW2Si综合力学性能良好,应用最广,主要用于制造大中型重载冷剪刀片、中厚钢板穿孔冲头及风动工具;6CrW2Si回火抗力、耐磨性稍高于5CrW2Si,但韧性稍差,常用于失效形式为磨损和堆塌的重载冲模、压模。

2. 典型抗冲击冷作模具钢的热处理工艺

(1)4CrW2Si、5CrW2Si和6CrW2Si高温回火工艺

4CrW2Si、5CrW2Si和6CrW2Si钢锻造性能良好,锻坯处理一般采用高温回火,以改善切削加工性。其高温回火工艺规范为:加热730 ℃～750 ℃,保温8～10 h后缓冷,高温回火后硬度低于241 HBS。

(2)4CrW2Si、5CrW2Si和6CrW2Si淬火、回火工艺

4CrW2Si、5CrW2Si、6CrW2Si及其他抗冲击冷作模具钢的淬火、回火工艺规范见表3.23。

表 3.23　抗冲击冷作模具钢的淬火、回火工艺规范

钢　号	淬火工艺			回火工艺	
	加热温度/℃	淬火介质	硬度/HRC	回火温度/℃	硬度/HRC
4CrW2Si	860～900	油	≥53	200～250	53～58
				430～470	45～50
5CrW2Si	860～900	油	≥55	200～250	53～58
				430～470	45～50
6CrW2Si	860～900	油	≥57	200～250	53～58
				430～470	45～50
60Si2Mn	800～820	油	60～62	200～280	57～60
				380～400	49～52
9SiCr	840～860	油	62～64	200～250	58～61
				280～320	56～58
				350～400	54～56

七、高耐磨高强韧性冷作模具钢

高强韧性冷作模具钢虽然克服了高铬钢、高速钢的脆断失效倾向,但由于钢中含碳量的减少,其耐磨性不如高铬钢、高速钢,因此对一些以磨损为主要形式的模具,上述钢种仍满足不了要求。为此国内外做了大量的研究工作,研制出了高耐磨高强韧性冷作模具钢,如9Cr6W3Mo2V2(GM)、Cr8MoWV3Si(ER5)等,其化学成分见表 3.24。

表 3.24　高耐磨高强韧性冷作模具钢化学成分

钢　号	化学成分(ω,%)					
	C	Si	Cr	W	Mo	V
9Cr6W3Mo2V2 (GM)	0.85～0.94	—	5.6～6.4	2.8～3.2	2.0～2.5	1.7～2.2
Cr8MoWV3Si (ER5)	0.95～1.10	0.90～1.20	7.0～8.0	0.8～1.2	1.4～1.8	2.2～2.7

1. 高耐磨高强韧性冷作模具钢的特性

(1)9Cr6W3Mo2V2(GM)

9Cr6W3Mo2V2(GM)钢中的碳及铬的含量只有 Cr12 型钢的一半,大大降低了共晶碳化物的不均匀程度。适当增加钨、钼、钒的含量,既提高了淬透性,又可细化晶粒,提高基体强度,增强了二次硬化效果。所以 9Cr6W3Mo2V2(GM)钢的耐磨性、强韧性、加工性等性能均优于 Cr12 型钢,是一种制作精密、耐磨、高寿命的冷作模具钢。GM 钢具有最佳的强韧性和耐磨性配合,同时兼有良好的冷、热加工性和线切割加工性,现已在多工位级进模、高强度螺栓滚丝模等成功地应用,其寿命较 65Nb、Cr12 型钢提高 2～6 倍。

(2)Cr8MoWV3Si(ER5)

Cr8MoWV3Si(ER5)是在美国专利钢种的基础上研制的新型冷作模具钢,与 GM 钢具有类似的性能,而耐磨性比 GM 钢要好。ER5 与 Cr12 型钢相比,碳化物数量少、颗粒细、分布均匀,因此它的强韧性优于 Cr12 型钢,见表 3.25;耐磨性远远超过 Cr12 型钢,见表 3.26。ER5钢适用于制作大型重载冷镦模、精密冷冲模等。如用 ER5 制作的电机硅钢片冲模,总寿命达500 万次;用 ER5 制作的大尺寸轴承滚子冷镦模寿命达 1 万次以上,超过从日本进口模具寿命

5 000次。

表 3.25　ER5 与 Cr12 型钢的强韧性比较

钢　号	冲击韧度 $a_k/J \cdot cm^{-2}$	抗弯强度 σ_{bb}/MPa	抗压屈服点 $\sigma_{0.2c}/MPa$	硬度/HRC	挠度 f/mm
Cr8MoWV3Si （ER5）	45.37	3 555	3 256	64	4.5
Cr12MoV	16.17	2 740	2 352	59.5	—

表 3.26　ER5 与 Cr12 型钢的耐磨性比较

钢　号	硬度/HRC	失重/mg		磨痕面积/ mm^2	磨损系数	磨损速度/ $mg \cdot min^{-1}$
		试样	磨盘			
Cr8MoWV3Si （ER5）	62	3	24.4	16.3	0.123	0.05
Cr12MoV	62	12.1	16.8	29.3	0.72	0.202

2. 高耐磨高强韧性冷作模具钢的热处理工艺

(1)9Cr6W3Mo2V2(GM)热处理工艺

①9Cr6W3Mo2V2(GM)退火工艺

9Cr6W3Mo2V2(GM)钢锻后应及时进行等温球化退火,其球化退火工艺为:加热温度 850 ℃~870 ℃,保温 3~4 h,然后冷到 730 ℃ ~750 ℃等温 5~6 h,最后炉冷到 550 ℃以下出炉空冷,退火后硬度为 205~228 HBS。GM 钢退火工艺曲线如图 3.8 所示。

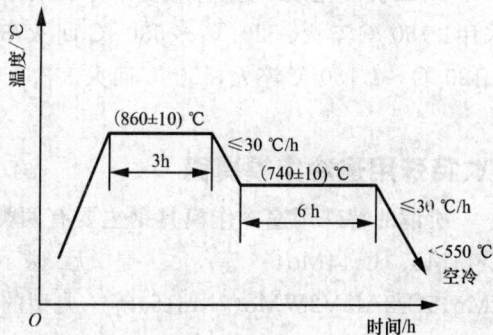

②9Cr6W3Mo2V2(GM)淬火、回火工艺

9Cr6W3Mo2V2(GM)钢淬火加热温度为 1 080 ℃~1 120 ℃,回火温度为 540 ℃~560 ℃,回火 2 次,每次 2 h 为宜,回火硬度为 62~ 66 HRC。GM 钢淬火、回火工艺曲线如图 3.9 所示。

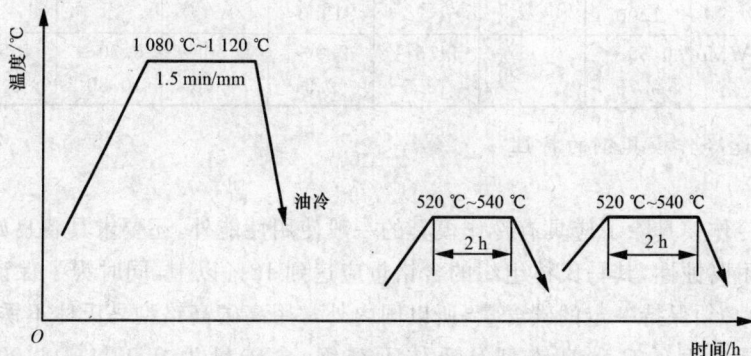

图 3.8　9Cr6W3Mo2V2(GM)退火工艺曲线

图 3.9　9Cr6W3Mo2V2(GM)淬火、回火工艺曲线

(2)Cr8MoWV3Si(ER5)热处理工艺

①Cr8MoWV3Si(ER5)退火工艺

Cr8MoWV3Si(ER5)钢锻后应及时退火,其球化退火工艺为:加热温度 860 ℃,保温 2 h,

然后缓冷到760 ℃等温4 h,炉冷到550 ℃以下出炉空冷,退火后硬度为200～240 HBS。ER5钢退火工艺曲线如图3.10所示。

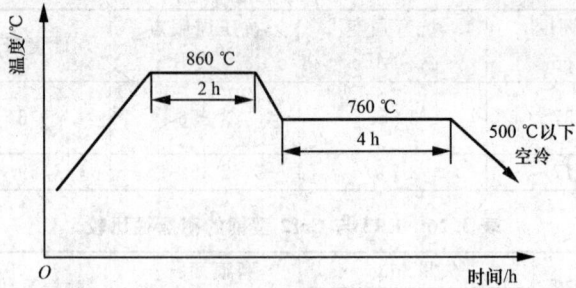

图3.10　Cr8MoWV3Si(ER5)退火工艺曲线

②Cr8MoWV3Si(ER5)淬火、回火工艺

Cr8MoWV3Si(ER5)钢淬火加热温度范围较宽,为1 000 ℃～1 180 ℃,回火为500 ℃～600 ℃,二次硬化效果强,淬火变形小。对于耐磨性要求高,且又要保证高强韧性的模具,一般采用1 150 ℃淬火,520 ℃～530 ℃回火3次工艺;对于重载服役条件下的模具,可采用1 120 ℃～1 130 ℃淬火,550 ℃回火3次工艺,回火硬度为62～64 HRC。

八、特殊用途冷作模具钢

所谓的特殊用途冷作模具钢主要有两类:一是耐腐蚀的冷作模具钢,如9Cr18、Cr18MoV、Cr14Mo、Cr14Mo4 等;二是无磁模具钢,如 1Cr18Ni9Ti、5Cr21Mn9Ni4W、7Mn15Cr2Al3V2WMo(7Mn15)等。典型的特殊用途冷作模具钢的化学成分见表3.27。

表3.27　特殊用途冷作模具钢的化学成分

钢　号	化学成分(ω,%)							
	C	Si	Mn	Cr	W	Mo	V	Al
9Cr18	0.90～1.00	≤0.08	≤0.08	17.0～19.0	—	—	—	—
7Mn15Cr2Al3V2WMo(7Mn15)	0.65～0.75	≤0.08	14.5～16.5	2.0～2.5	0.50～0.80	0.50～0.80	1.5～2.0	2.30～3.30

1. 特殊用途冷作模具钢的特性

(1)9Cr18

耐腐蚀的冷作模具除了应具有冷作模具的一般使用性能外,还要求具备良好的耐腐蚀性。为了保证钢的耐腐蚀性,其马氏体组织的含铬量应达到12%以上,同时为了保证钢的高硬度、高耐磨性,钢中必须保持一定的碳含量,所以国内外常用高碳高铬型马氏体不锈钢制造耐腐蚀模具。9Cr18 是典型的高碳高铬型马氏体不锈钢,含碳量为0.90%～1.00%,含铬量达17.0%～19.0%,所以该钢既有高的硬度、高的耐磨性,又有良好的耐腐蚀性。主要用来制作耐腐蚀的冷作模具和塑料模。

(2)7Mn15Cr2Al3V2WMo(7Mn15)

无磁模具钢除了应具有冷作模具的一般使用性能外,还要求在磁场中使用时不被磁化,保证钢材在使用条件下应具有稳定的奥氏体组织,所以无磁模具钢常用奥氏体不锈钢和奥氏体耐热钢。7Mn15Cr2Al3V2WMo(7Mn15)是典型的无磁模具钢,属于高锰奥氏体钢,高的锰量是保证奥氏体组织稳定,钒、铬、钨、钼形成合金碳化物是保证钢的耐磨性,一定量的铝是为了改善钢的加工性能,所以该钢具有非常低的磁导率,高的强度、硬度、耐磨性。

7Mn15 主要用来制造磁性材料用的无磁模具和无磁轴承,也可用来制造 700 ℃～800 ℃温度下使用的热作模具。

2. 特殊用途冷作模具钢的热处理工艺

(1)9Cr18 热处理工艺

①9Cr18 退火工艺

9Cr18 钢退火加热温度为 800 ℃～840 ℃,保温后炉冷至 500 ℃以下出炉空冷,退火硬度为 197～255 HBS。

②9Cr18 淬火、回火工艺

9Cr18 钢淬火温度一般为 1 050 ℃～1 100 ℃,回火温度较低,为 160 ℃～260 ℃。9Cr18 钢推荐的热处理工艺为:850 ℃～870 ℃预热,1 050 ℃～1 100 ℃油淬,−75 ℃～−80 ℃冷处理 1～1.5 h,160 ℃～260 ℃低温回火 3 h,130 ℃～140 ℃附加回火 10～15 h。

(2)7Mn15Cr2Al3V2WMo(7Mn15)热处理工艺

①7Mn15 退火工艺

7Mn15 钢退火加热温度为 870 ℃～890 ℃,保温 3～6 h,炉冷至 500 ℃出炉空冷,退火硬度为 28～30 HRC。7Mn15 钢退火工艺曲线如图 3.11 所示。

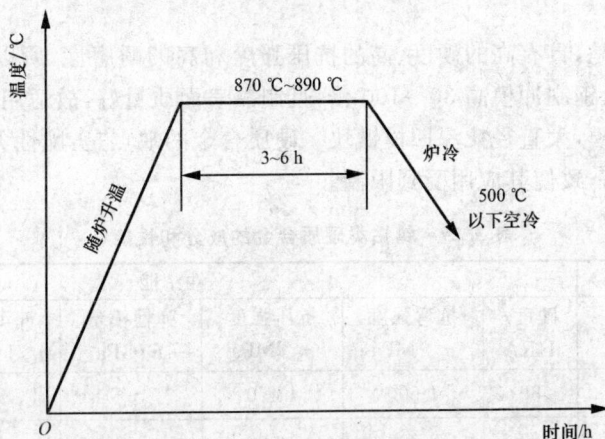

图 3.11　7Mn15 钢退火工艺曲线

②7Mn15 固溶处理工艺

7Mn15 钢固溶处理的温度为 1 150 ℃～1 180 ℃,盐浴炉 15～20 h、空气炉 30 h,水冷。固溶处理后可获得稳定的奥氏体组织,其硬度为 20～22 HRC。

③7Mn15 时效处理工艺

7Mn15 钢固溶处理后应进行时效处理。7Mn15 钢时效处理工艺为:加热到 650 ℃～700 ℃,保温 2 h,空冷,时效后硬度为 47～48.5 HRC。表 3.28 是 7Mn15 钢不同温度固溶和时效后的力学性能。

④7Mn15 氮碳共渗工艺

为提高模具硬度和耐磨性,可采用气体氮碳共渗工艺,共渗温度为 560 ℃～570 ℃,时间 4

~6 h,渗层深度为 0.03~0.04 mm,硬度为 950~1 000 HV。

表 3.28　7Mn15 钢不同温度固溶和时效后的力学性能

热处理工艺	抗拉强度 σ_b/MPa	伸长率 δ/%	断面收缩率 Ψ/%	冲击韧度 a_k/J·cm^{-2}
1 180 ℃固溶	820	61	61.5	230
1 150 ℃固溶,700 ℃2 h时效	1 395	16.5	34	48
1 180 ℃固溶,650 ℃2 h时效	1 510	4.5	8.5	15

九、其他冷作模具材料

冷作模具材料除了以钢为主外,还有硬质合金、锌基合金等。制造模具用硬质合金通常是普通硬质合金(简称硬质合金)和钢结硬质合金。

1. 硬质合金

硬质合金是将高熔点、高硬度的金属碳化物粉末(WC、TiC 等)和黏结剂(Co、Ni 等)混合后,加压成型,再经烧结而成的一种粉末冶金材料。由于与陶瓷烧结过程相似,又称金属陶瓷硬质合金。根据金属碳化物种类不同,通常将其分为钨钴类硬质合金(YG25 等)和钨钴钛类硬质合金(YT15 等)两类,冷作模具用硬质合金一般是钨钴类,钨钴类硬质合金的成分和性能见表 3.29。

硬质合金的优点是,具有高的硬度、高的抗压强度和高的耐磨性,所以其制作的模具坚固耐用,使用寿命比一般钢制冲模高 30~100 倍,且制品表面质量好,故适用于大批量生产,主要用来制作多工位级进模,大直径拉深凹模镶块。硬质合金的缺点是:脆性大,加工困难,不能锻造及热处理,且成本高,致使其应用受到限制。

表 3.29　钨钴类硬质合金的成分和性能

钢号	化学成分(ω,%)		性能					
	WC	Co	硬度/HRA	抗弯强度 σ_{bb}/MPa	抗压强度 σ_{bc}/MPa	弹性模量 E/GPa	冲击韧度 a_k/J·cm^{-2}	密度/g·cm^{-3}
YG8	92	8	89	1 500	4 470		2.5	14.4~14.8
YG15	85	15	87	2 000	3 660	540	4.0	13.9~14.2
YG20	80	20	85.6	2 600	3 500	500	4.8	13.4~13.7
YG25	75	25	84.5	2 700	3 300	470	5.5	12.9~13.2

2. 钢结硬质合金

钢结硬质合金是 20 世纪 50 年代国际上开始发展起来的一种材料,它是以难熔的金属碳化物为硬质相,以合金钢为黏结剂,用粉末冶金的方法生产的一种新型模具材料,其组织是细小的硬质相弥散均匀地分布于钢的基体中,所以它既具有硬质合金的高硬度、高抗压强度、高耐磨性,又具有钢的可加工性和热处理性。钢结硬质合金还可根据黏结剂的不同,赋予其一系列不同性能,如耐热、耐腐、磁性和非磁性等。

钢结硬质合金的硬质相主要是 WC 和 TiC。我国是以 TiC 为硬质相起步,TiC 钢结硬质合金有 GT35、T1、TM60 等。WC 钢结硬质合金是 20 世纪 60 年代我国研制的,其牌号有

TLMW50、GW50 等。目前主要应用的 WC 钢结硬质合金是第二代 WC 钢结硬质合金,是 20 世纪 80 年代研制的,简称 DT 合金,是较理想的工模具材料。钢结硬质合金的的成分和性能见表 3.30。

表 3.30　钢结硬质合金的的成分和性能

类　型	钢　号	钢基体	硬质相	硬度/HRC		抗弯强度 σ_{bb}/MPa	冲击韧度 a_k/J·cm^{-2}	密度 /g·cm^{-3}
				加工态	使用态			
WC	TLMW50	合金钢	50%WC	35~40	66~68	2 000	17.0~19.0	10.2
	GW50	合金钢	50%WC	38~43	69~70	1 700~2 254	17.0~19.0	10.2
	DT	合金钢	40%WC	32~36	62~64	2 450~3 530	17.0~19.0	9.7
TiC	GT35	合金钢	35%TiC	39~46	67~69	1 372~1 764	17.0~19.0	6.5
	T1	钨钼高速钢	35%TiC	44~48	68~72	1 274~1 470	17.0~19.0	6.6
	TM60	高锰钢	45%TiC	59~61	59~61	2 058	17.0~19.0	6.2

(1)DT 合金的特性

DT 合金既保持了第一代 WC 钢结硬质合金 TLM50 的高硬度、高抗压强度、高耐磨性,又较大幅度提高了强度和韧性,因而能承受较大负荷的冲击,同时还具有较好的抗热裂能力,不易出现崩刀、淬裂等,是较理想的模具材料之一。DT 合金与普通硬质合金相比,退火软化后具有较好的切削加工性,可进行车、铣、刨、钻、攻螺纹等。DT 合金可进行磨削加工,但应注意防止烧伤表面或产生网状裂纹。DT 合金与普通硬质合金一样,可进行电加工,如线切割加工和电火花加工等。

DT 合金制造模具时,一般都采用组合连接方法,因为粉末冶金件不可能压制得很大,以及节约 DT 合金材料并发挥与其组合连接的钢材优点。常用的组合连接方法有镶套、焊接、黏结和机械连接等。

DT 合金作为新型模具材料,应用于各种冷作模具,如冷镦模、冷冲压模、冷挤压模、拉深模等。当选用适当时,其使用寿命一般比模具钢提高几倍到几十倍,如在民用五金行业的冷镦模、拉深模方面,DT 合金模具比 Cr12 型钢制模具寿命可提高 10~32 倍,从而大幅降低成本。需注意的是,DT 合金价格比合金钢贵几倍,小批量生产经济效益不明显。

(2)DT 合金的热处理工艺

①DT 合金退火工艺

DT 合金可采用球化退火,其球化退火工艺为:加热温度 860 ℃~880 ℃,保温 2~3 h,炉冷到 700 ℃~720 ℃等温 6 h,最后炉冷到 550 ℃以下出炉空冷,退火后硬度为 32~36 HRC,退火组织为弥散碳化物和粒状珠光体。

②DT 合金淬火、回火工艺

DT 合金淬火、回火工艺为:预热温度为 800 ℃~850 ℃(加热系数 2 min/mm),加热温度 1 000 ℃~1 020 ℃(加热系数 1 min/mm),油冷;回火温度为 200 ℃~650 ℃,回火 2 h,回火后硬度为 62~64 HRC,但须注意 600 ℃有高温回火脆性。DT 合金也可采用 200 ℃~300 ℃,30 min 的等温淬火工艺。

任务三　冷作模具材料及热处理的选用

一、冷作模具材料的选用

模具材料对模具的正常使用、模具的使用寿命及模具的成本影响很大。冷作模具种类多，形状、结构差异大，工作条件和性能要求不一，因此对冷作模具材料的选用必须综合各种因素方可做到合理选材。

1. 冷作模具材料选用原则

选择冷作模具材料时，应遵循的基本原则是：首先考虑满足模具的使用性能要求，同时考虑兼顾材料的工艺性和经济性。冷作模具材料具体选用原则及要求见表 3.31。图 3.12 表示以 T10A 钢为基准，按性能要求选用常用冷作模具钢的大致方向。

表 3.31　冷作模具材料具体选用原则及要求

选用原则	具体要求
使用性能	1. 形状复杂、尺寸精度要求高的模具，选用微变形材料 2. 承受大负荷的重载模具，选用高强度材料 3. 承受强烈摩擦和磨损的模具，选用高硬度、耐磨性好的材料 4. 承受冲击负荷大的模具，选用韧性高的材料
工艺性	1. 选用优良的锻造性和切削加工性的材料 2. 尺寸大、精度高的模具，选用淬透性好、淬火变形开裂倾向小的材料 3. 需焊接加工的模具，选用焊接性好的材料
经济性	1. 尽可能选用价格低廉的一般材料，少用特殊材料 2. 多用货源丰富、供应方便的材料，少用或不用稀缺和贵重材料

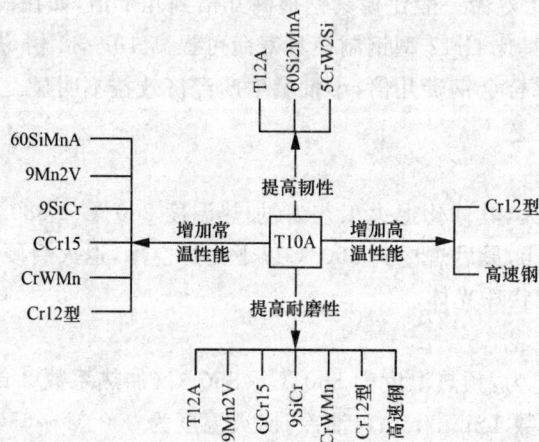

图 3.12　按性能要求选用冷作模具钢的方向

2. 冷冲裁模材料选用

冲裁模主要用于各种板料的冲切成型，如落料、冲孔、剪裁、切边等。冲裁模的工作部位是凸、凹模的刃口，工作时承受冲击力、剪切力、弯曲力及摩擦力，其主要失效形式是刃口磨损。因此对冲裁模的主要性能要求是高硬度、高耐磨及足够的抗压、抗弯和韧性。对于薄板冲裁模

（板厚≤1.5），以高耐磨、高精度为主；对于厚板冲裁模（板厚＞1.5），除高耐磨外，还应具有高的强韧性。

冲裁模具材料的选用主要根据模具寿命、形状、尺寸、材料性能、工作载荷、生产批量、成本价格等方面考虑。

①首先考虑模具寿命的长短，但寿命的长短不是唯一选用依据。

②考虑模具形状、尺寸及载荷。形状简单、载荷轻，尽量选用成本低的碳素工具钢；形状较复杂、尺寸大、载荷轻，则选用低合金工具钢制造。

③考虑冲压件的材质，不同材质的冲压件，其冲压难易程度相差很大。

④考虑冲压件的产量，如批量不大，就没有必要选用高性能的模具材料。

⑤考虑材料价格及模具材料费占模具总费用的份额，如模具形状复杂、加工较难，加工费占模具总费用的比例很高，而模具材料费只占模具总费用很小比例（10％～18％），就应选用高性能的模具材料。

各种冲裁模具材料的选用见表 3.32。

表 3.32　冲裁模具材料的选用

类　型	工作条件	材料钢号
薄板冲裁模	形状简单、尺寸小、批量小	T10A
	形状较复杂、批量小	9Mn2V、CrWMn、8Cr2S、Cr5Mo1V
	形状复杂、批量大	Cr12、Cr12MoV、D2、W6Mo5Cr4V2
	冲制强度高、变形抗力大	Cr12、D2、Cr4W2MoV、GD、GM、ER5
厚板冲裁模	批量较小	T8A
	批量较大	W6Mo5Cr4V2、012Al、6W6
		Cr12MoV、D2、CG-2、LD、GM、ER5
剪切刀（切断模）	剪薄板的厚剪刀	T10A、T12A、GCr15
	薄剪刀	9SiCr、CrWMn 、GCr15
	剪厚板的剪刀	5CrW2Si、Cr4W2MoV

需要注意的是，为进一步延长厚板冲裁模具寿命，研制了多种新型模具钢如 CG-2、LD、GD、6W6、012Al、火焰淬火模具钢 7CrSiMnMoV 及马氏体时效钢等代替老钢种具有良好的效果，可大幅提高模具寿命。表 3.33 是新型模具钢在冲裁模方面的应用效果。

表 3.33　新型模具钢在冲裁模方面的应用效果

模具名称	材料钢号	平均总寿命（万件）对比
簧片凹模	Cr12、CrWMn	15
	GD	60
接触簧片级进模凸模	W6Mo5Cr4V2	0.1
	GD	2.5
中厚45钢板落料模	Cr12MoV、T10A	刃磨一次寿命：0.06
	7CrSiMnMoV	刃磨一次寿命：0.13

续表

模具名称	材料钢号	平均总寿命(万件)对比
转子片复式冲模	Cr12、Cr12MoV	20～30
	GM	100～120
	ER5	250～360
印刷电路板冲模	T10A、CrWMn	2～5
	8Cr2MnWMoVS	15～20
高速冲模	W12Cr4Mo2VRE	200～300(模具费用比 YG20 大大降低)

对于冲裁模的结构零件的材料选用及对热处理的硬度要求见表 3.34。

表 3.34　冲裁模的结构零件的材料选用

模具零件名称	材料钢号	热处理硬度 HRC
上、下模板	HT200、ZG45、Q235	—
导柱、导套	T8A 、T10A 、Q235	60～62(Q235 渗碳淬火)
垫板、定位板、挡板、挡料钉	45	43～47
导板、导正钉	T10A	50～55
侧刃、侧刃挡板	T8A 、T10A 、CrWMn	58～62
斜锲、滑块	T8A 、T10A	58～62
弹簧、簧片	65、65Mn、60Si2Mn	43～47
顶杆、顶料杆(板)	45	43～47
模柄、固定把	Q235	—

3. 拉深模材料选用

拉深模主要用于板材的冷拉深成型。拉深时,凹模承受强烈的摩擦和径向应力,凸模主要承受轴向压缩力和摩擦力的作用,其主要失效是拉深过程中的黏附造成"冷焊"咬合失效。所以对拉深模的主要性能要求是高的强度、高的耐磨性,在工作时不发生黏附和划伤,同时具有一定的韧性和较好的切削加工性,且热处理变形小。

拉深模具材料的选用主要根据被拉深材料种类、厚度、变形率、生产批量、成本价格等因素进行考虑。

①对于小批量生产,可选用表面淬火钢或铸铁。

②对于大批量生产的拉深模,则要求其有很高的磨损寿命,应对模具进行渗氮、渗硼、渗钒、镀铬等,对中碳合金钢模具进行渗碳等表面处理。

③轻载拉深模(拉深材料较薄、强度较低),可选用 T10A、CrWMn、GD、9Mn2V、65Nb等钢。

④重载拉深模(拉深材料较厚、强度较高),可选用强度较高的 Cr12、Cr12MoV、D2、Cr5Mo1V、GM、ER5 等钢。当用硬质合金镶嵌模具时,所用硬质合金随型腔尺寸而定,型腔尺寸小于 10 mm 时,采用 YG6 合金;型腔尺寸为 10～30 mm 时,用 YG8 合金。

拉深模材料的选用及工作硬度见表 3.35。

表 3.35 拉深模材料的选用及工作硬度

零件名称	工作条件		推荐选用的材料钢号			工作硬度/HRC
	制品类别	拉深材料	小批量生产（<1万件）	中批量生产（<10万件）	大批量生产（100万件）	
凹模	小型	铝合金及铜合金	T10A GCr15 CrWMn 9CrWMn	CrWMn Cr6WV Cr5Mo1V 7CrSiMnMoV	Cr6WV Cr5Mo1V Cr4W2MoV Cr12MoV	62~64
		深冲用钢				
		奥氏体不锈钢	T10A（镀铬）、铝青铜	铝青铜、Cr6WV（渗氮）Cr5Mo1V（渗氮）	Cr42MoV（渗氮）、Cr12MoV（渗氮）、YG类硬质合金钢结硬质合金	
	大、中型	铝合金及铜合金	合金铸铁球墨铸铁	合金铸铁镶嵌模块：Cr6WV Cr5Mo1V Cr4W2MoV	镶嵌模块：Cr6WV Cr5Mo1V Cr4W2MoV Cr12MoV	
		深冲用钢				
		奥氏体不锈钢	合金铸铁镶嵌模块：铝青铜	镶嵌模块：Cr6WV（渗氮）Cr4W2MoV（渗氮）铝青铜	镶嵌模块：Cr6WV（渗氮）Cr4W2MoV（渗氮）Cr12MoV（渗氮）W18Cr4V（渗氮）	
冲头（凸模）	小型	—	T10A、40Cr（渗氮）	T10A Cr6WV Cr5Mo1V	Cr6WV Cr5Mo1V Cr4W2MoV Cr12MoV	58~62
	大、中型	—	合金铸铁	CrWMn 9CrWMn	Cr6WV Cr5Mo1V Cr4W2MoV Cr12MoV	
压边圈	小型	—	T10A CrWMn 9CrWMn	T10A CrWMn 9CrWMn	T10A CrWMn 9CrWMn	54~58
	大、中型	—	合金铸铁	合金铸铁	CrWMn 9CrWMn	

注：1. 冲头（凸模）材料，除合金铸铁外，最好镀铬。

    2. 大、中型制品是指外径及高度大于 200 mm 者。

4. 冷镦模材料选用

冷镦模是在冲击力的作用下将金属棒状坯料镦成一定形状和尺寸产品的冷作模具。冷镦模工作时，要承受很大的冲击力，最大可超 2 500 MPa，凹模的型腔表面和冲头（凸模）的工作表面要承受强烈的冲击摩擦等，因此其主要失效形式是擦伤和脆性开裂。所以对冷镦模的主要性能要求是高强度、高硬度、高耐磨和高的冲击韧度。冷镦成形工艺主要用于紧固件（螺钉、螺帽等）、滚动轴承、滚子链条及汽车零件的加工。

冷镦模材料的选用方法为：

①一般载荷冷镦模用材。一般载荷冷镦模主要用于形状简单、负荷较小、变形量不大、冷

镦速度不很高的低碳钢或中碳钢冷镦件。对于凸模可选用 T10A、60Si2Mn、9SiCr、GCr15、6W6 等钢;对于凹模可选用 T10A、GCr15、Cr12Mo1V1、GD、65Nb 等钢。

②重载荷冷镦模用材。重载荷冷镦模主要用于形状较复杂、生产变形量大、强度较高的合金钢或中、高碳钢冷镦件。对于这类冷镦模具通常选用 Cr12 型钢、高速钢及新开发的新型冷作模具钢,如 012Al、65Nb、LD、RM2、LM1、LM2、ER5、GM 等。

③切裁工具和顶出杆用材。切裁工具必须硬而耐磨,并需要一定的热硬性,可选用 T10A、Cr4W2MoV 等;顶出杆既要韧性好,又要耐磨,可视具体情况选用 CrWMn、9CrWMn、6W6Mo5Cr4V 等。

冷镦模材料的选用及工作硬度见表 3.36。

表 3.36 冷镦模材料的选用及工作硬度

模具类型及零件名称			工作条件	推荐选用的材料钢号		工作硬度/HRC
				中、小批量生产 (＜10 万件)	大批量生产 (＞20 万件)	
冷镦凹模	开口模整体模块		轻载荷、小尺寸	T10A、MnSi	T10A、MnSi	表面 59～62,芯部 40～50
			轻载荷、较大尺寸	CrWMn、GCr15	CrWMn、GCr15	表面 ＞62,芯部 ＜55
	闭合模	整体模块	轻载荷、小尺寸	T10A、MnSi	—	表面 59～62,芯部 40～50
			轻载荷、较大尺寸	CrWMn、GCr15	—	表面 ＞62,芯部 ＜55
		嵌镶模块模芯	重载荷、形状复杂的大、中型模具	Cr6WV、Cr4W2MoV	YG15、YG20、YG25、GT35、GJW50、DT	58～62
				Cr5Mo1V、Cr12MoV		58～62
				W18Cr4V		＞62
				W6Mo5Cr4V2、7Cr7Mo2V2Si、基体钢		58～64
		嵌镶模块模套	重载荷、形状复杂的大、中型模具	42CrMo 40CrMnMo 4Cr5W2VSi 4Cr5 MoSiV 4Cr5 MoSiV1	六角螺母冷镦模 T7A T10A	48～52
					钢球、滚子冷镦模 CrWMn、GCr15	
冷镦冲头(凸模)			轻载荷、小尺寸	T10A、MnSi	—	58～60
			轻载荷、较大尺寸	CrWMn、GCr15		60～61
			重载荷	Cr6WV、Cr4W2MoV	YG15、YG20、YG25、GT35、GJW50、DT(另附模套)	56～64
				Cr5Mo1V、Cr12MoV		56～64
				W18Cr4V、W6Mo5Cr4V2		63～64
				6W6Mo5Cr4V、7CrSiMnMoV		56～64
				7Cr7Mo2V2Si、基体钢		56～64
切裁工具			—	T10A、Cr4W2MoV、Cr12MoV Cr4W2MoV	—	切断刀具 60～65 / 滚刀具 61～64

续表

模具类型及零件名称	工作条件	推荐选用的材料钢号		工作硬度/HRC
		中、小批量生产（<10 万件）	大批量生产（>20 万件）	
顶出杆	冲击负荷较大、要求韧性高	6W6Mo5Cr4V、T7A		57～59
	中等冲击负荷、要求韧性、耐磨性都好	CrWMn、9CrWMn		<60
	冲击负荷不大、要求高耐磨性	W6Mo5Cr4V2		62～63

5. 冷挤压模材料选用

冷挤压是在常温下,利用模具在压力机上对金属以一定的速度施加相当大的压力,使金属产生塑性变形,从而获得所需形状和尺寸的零件。由于模具在挤压过程中,承受极大的挤压力,且模具表面反复与被挤压件剧烈摩擦等,因此其主要失效形式是磨损和断裂。所以对冷挤压模的主要性能要求是高强韧性、高耐磨性及较高的热疲劳性和足够的回火稳定性。

冷挤压模材料的选用方法为:

①碳素工具钢(如 T10A)和低合金工具钢(如 CrWMn)淬硬性、强韧性和耐磨性较差,只宜作挤压应力较小,批量不大的正挤压模具。

②Cr12 型钢是正挤压模具普遍采用的钢材,由于韧性低,碳化物偏析严重,脆性大,因而正逐步被新型冷作模具钢替代。

③高速钢因高的抗压强度、耐磨性,适宜制作承受高挤压负荷的反挤压凸模,但与 Cr12 型钢类似,韧性低、脆性大,生产中常用低温淬火来提高钢的断裂抗力。

④降碳型高速钢(如 6W6Mo5Cr4V)、基体钢(如 LD、65Nb)用于冷挤压模具效果十分显著,降碳型高速钢主要用于冷挤压冲头,但对于大批量生产的模具,这两类钢的耐磨性欠缺。

⑤对于大批量生产的冷挤压模,应选用硬质合金。钢结硬质合金,常用来作冷挤压凹模。

冷挤压模材料的选用及工作硬度见表 3.37。

表 3.37　冷挤压模材料的选用及工作硬度

模具类型及零件名称	工作条件	推荐选用的材料钢号		工作硬度/HRC
		中、小批量生产(<10 万件)	大批量生产(>20 万件)	
冲头(凸模)	冷挤压紫铜、软铝或锌合金	60Si2Mn、CrWMn、Cr6WV、Cr5Mo1V、Cr4W2MoV、W18Cr4V	Cr4W2MoV(渗氮)、Cr12MoV(渗氮)、W6Mo5Cr4V2(渗氮)、基体钢(渗氮)、钢结硬质合金	60～64
	冷挤压硬铝、黄铜或钢件	Cr4W2MoV、Cr12MoV、W18Cr4V、W6Mo5Cr4V2、6W6Mo5Cr4V、7CrSiMnMoV、7Cr7Mo2V2Si、6CrNiMnSiMoV、基体钢	W6Mo5Cr4V2(渗氮)、基体钢(渗氮)、钢结硬质合金、YG15、YG20、YG25	60～64

续表

模具类型及零件名称	工作条件	推荐选用的材料钢号		工作硬度/HRC
		中、小批量生产(<10万件)	大批量生产(>20万件)	
凹　模	冷挤压紫铜、软铝或锌合金	T10A、9Mn2V、9SiCr、CrWMn、GCr15、Cr6WV、Cr5Mo1V、Cr4W2MoV	Cr4W2MoV、Cr12MoV、W18Cr4V、钢结硬质合金、YG15、YG20、YG25	60～64
	冷挤压硬铝、黄铜或钢件	CrW4Mn、Cr6WV、Cr5Mo1V、Cr4W2MoV、Cr12MoV、6W6Mo5Cr4V、7Cr7Mo2V2Si	Cr4W2MoV(渗氮)、Cr12MoV(渗氮)、W18Cr4V或6W6Mo5Cr4V(渗氮)、基体钢(渗氮)、钢结硬质合金、YG15、YG20、YG25	58～60
顶出器(顶杆)		CrWMn、Cr6WV、Cr5Mo1V、7Cr7Mo2V2Si	Cr4W2MoV、Cr12MoV、6W6Mo5Cr4V、基体钢	58～62

二、冷作模具材料的热处理选用

1. 冷作模具材料热处理工序选用

在冷作模具材料选定以后,成型加工工艺和热处理加工工序对模具的使用性能和寿命影响很大。冷作模具成型加工工艺路线一般有以下三种:

①一般成型冷作模具的加工工艺路线是:锻造→球化退火→机加工成型→淬火与回火→钳修装配。

②成型磨削及电加工冷作模具的加工工艺路线是:锻造→球化退火→机械粗加工→淬火与回火→精加工成型(凸模成型磨削,凹模电加工)→钳修装配。

③复杂冷作模具的加工工艺路线是:锻造→球化退火→机械粗加工→高温回火或调质→机械加工成型→钳工修配。

因此必须根据冷作模具成型加工工艺来确定其热处理工序,冷作模具钢热处理工序确定的原则是:

①为了减少热处理变形,对于位置公差和尺寸公差要求严格的模具,常在机加工之后安排高温回火或调质处理。

②由于线切割加工破坏了淬硬层,增加了淬硬层脆性和变形开裂的危险,因此线切割加工之前的淬火、回火,常采用分级淬火或多次回火和高温回火,使淬火应力处于最低状态,避免线切割时变形、开裂。

③为使线切割模具尺寸相对稳定,并使淬硬层组织有所改善,工件经线切割后应及时进行回火,回火温度不高于淬火后的回火温度。

2. 冷作模具材料强韧化处理工艺

除了常规传统的热处理工艺外,近年来一些热处理新工艺、新技术,如冷作模具的强韧化处理在冷作模具制造中得到了广泛应用,实践证明这些热处理新工艺对提高模具的性能、质量及使用寿命大有益处。

所谓强韧化处理是指同时改善模具强度和韧性的热处理。冷作模具的强韧化处理工艺主要包括:低淬低回、高淬高回、微细化处理、等温和分级淬火等。

(1)冷作模具钢的低温淬火工艺

所谓低温淬火是指低于该钢的传统淬火温度进行的淬火操作。实践证明,适当地降低淬火温度,降低硬度,提高韧性,无论是碳素工具钢,合金工具钢,还是高速钢都可以不同程度地提高韧性和冲击疲劳抗力,降低冷作模具的脆断、脆裂的倾向性。表 3.38 是几种常用冷作模具钢的低淬低回强韧化处理工艺参数。

表 3.38　常用冷作模具钢的低淬低回强韧化处理工艺参数

钢　号	常规淬火温度/℃	低淬低回强韧化处理工艺	硬度/HRC
CrWMn	820～850	800 ℃～810 ℃加热,150 ℃热油中冷却 10 min,210 ℃回火 1.5 h	58～60
Cr12	970～990	850 ℃预热,930 ℃～950 ℃加热保温后油冷,320 ℃～360 ℃1.5 h 回火 2 次	52～56
Cr12MoV	1 020～1 050	980 ℃～1 000 ℃加热保温后油冷,400 ℃回火	56～59
W18Cr4V	1 260～1 280	1 200 ℃加热保温后油冷 600 ℃1 h 回火 2 次	59～61
W6Mo5Cr4V2	1 150～1 200	1 160 ℃加热保温后油冷 300 ℃回火	59～61

(2)冷作模具钢的高温淬火工艺

对于一些低淬透性的冷作模具钢,为了提高淬硬层厚度,常常采用提高淬火温度的方法。如 T7A～T10A 钢制 φ25～50 mm 的模具,淬火温度可提高到 830 ℃～860 ℃;GCr15(或 Cr2)钢的淬火温度可由原来的 860 ℃提高到 900 ℃～920 ℃,模具的使用寿命可提高一倍以上。

一些抗冲击冷作模具钢采用高温淬火工艺,具有较高的断裂韧性、冲击韧性和优良的耐磨性,如 60Si2Mn 采用 920 ℃～950 ℃淬火,铬钨硅系钢采用 950 ℃～980 ℃淬火,模具使用寿命都能大幅提高。

(3)冷作模具钢的微细化处理

微细化处理包括钢中基体组织的细化和碳化物细化两方面。基体组织的细化可提高钢的强韧性;碳化物细化不仅能提高钢的强韧性,而且能增加钢的耐磨性。微细化处理通常有四步热处理法和循环超细化处理法两种。

①四步热处理法

冷作模具钢的预备热处理一般都采用球化退火,但球化退火组织经淬火、回火,其中碳化物的均匀性、圆整度和颗粒大小等因素对钢的强韧性和耐磨性的影响尚不够理想。实践证明采用四步热处理法,使钢的组织和性能得到很大改善,模具使用寿命可延长 1.5～3 倍。四步热处理法具体工艺过程见表 3.39。

表 3.39　冷作模具钢的四步热处理法

序　号	步　骤	工 艺 内 容
1	第一步	高温奥氏体化后淬火或等温淬火
2	第二步	高温软化回火,回火温度不超过 Ac1,得到回火托氏体或索氏体
3	第三步	低温淬火,由于淬火温度低,以细化的碳化物不会溶入奥氏体而得以保存
4	第四步	低温回火

须注意的是,在有些情况下,可取消模具毛坯的球化退火工艺,而用上述工艺中第一步加第二步作为模具的预备热处理,并可在第一步结合模具的锻造进行锻造余热淬火,以减少能耗,提高工效。典型钢种的四步热处理法工艺参数见表 3.40。

表 3.40　典型钢种的四步热处理工艺参数

钢　号	四步热处理工艺参数
9Mn2V	820 ℃油冷＋650 ℃回火＋750 ℃油冷＋200 ℃回火
GCr15	1 050 ℃奥氏体化后 180 ℃分级淬火＋400 ℃回火＋830 ℃保温油冷＋200 ℃回火
CrWMn	970 ℃奥氏体化后油冷＋560 ℃回火＋820 ℃保温后 280 ℃等温 1 h＋200 ℃回火

②循环超细化处理法

循环超细化处理法是将冷作模具以较快速度加热到 Ac1 或 Accm 以上的温度,经短时停留后立即淬火冷却,如此循环多次。由于每加热一次,晶粒都得到一次细化,同时在快速奥氏体化过程中又保留了相当数量的未溶细小碳化物,循环次数一般控制在 2～4 次。经处理后的模具钢可获得 12～14 级超细晶粒,模具使用寿命可延长 1～4 倍。典型钢种的循环超细化处理工艺参数见表 3.41。

表 3.41　典型钢种的循环超细化处理工艺参数

钢　号	循环超细化处理工艺参数
9SiCr	600 ℃预热升温至 800 ℃保温后油冷至 600 ℃等温 30 min＋860 ℃加热保温＋160 ℃～180 ℃分级淬火回＋180 ℃～200 ℃回火
Cr12MoV	1 150 ℃加热油淬＋650 ℃回火＋1 000 ℃加热油淬＋650 ℃回火＋1 030 ℃加热油淬 170 ℃等温 30 min 空冷＋170 ℃回火

③分级淬火和等温淬火

分级淬火和等温淬火不仅可以减少模具的变形和开裂,而且是提高冷作模具强韧性的重要方法。分级淬火和等温淬火的方法已在第二章作了介绍,表 3.42 是常用冷作模具钢的分级淬火和等温淬火工艺参数。

④其他强韧化处理方法

除了以上强韧化处理方法外,还有形变热处理、喷液淬火、快速加热淬火、消除链状碳化物组织的预处理工艺、片状珠光体组织的预处理工艺等,都可以明显提高冷作模具钢的强韧性。

表 3.42　常用冷作模具钢的分级淬火和等温淬火工艺参数

钢　号	分级淬火或等温淬火工艺参数	处理后硬度/HRC	使用范围
CrWMn	820 ℃~840 ℃加热,240 ℃等温 1 h 空冷	57~58	冷挤凸模、钟表元件小冲头等
	830 ℃~840 ℃加热,240 ℃等温 1 h 空冷,250 ℃回火 1 h	57~58	
	810 ℃~820 ℃加热,240 ℃等温 1 h 空冷,250 ℃回火 1 h	54~56	
Cr12	980 ℃加热,200 ℃~240 ℃分级 10 min 后油冷 20 min,180 ℃~200 ℃回火	61~64	硅钢片冲模
	980 ℃加热,260 ℃等温 4 h,220 ℃~240 ℃回火		
Cr12MoV	1 000 ℃加热,280 ℃分级 400 ℃回火	57~59	滚丝模、下料冲模
	1 000 ℃加热,280 ℃分级 550 ℃回火	54~56	
	1 000 ℃加热,280 ℃等温 4 h,400 ℃回火	54~56	
	980 ℃加热,260 ℃等温 2 h,200 ℃回火	55~57	
W18Cr4V	1 250 ℃~1 270 ℃加热,240 ℃~260 ℃等温 3 h,560 ℃回火 1 h 三次	62~64	冲头
Cr4W2MoV	1 000 ℃加热,260 ℃等温 1 h,200 ℃回火 3 次	56~58	弹簧孔冲模
	1 020 ℃加热,260 ℃等温 1 h,520 ℃回火 2 h,220 ℃回火 2 h	58~59	
9SiCr	850 ℃加热保温后,240 ℃~250 ℃等温 25 min,空冷	56~60	推丝模
	850 ℃加热保温后,240 ℃~250 ℃等温 25 min 空冷,220 ℃~250 ℃回火		
	850 ℃加热保温后 210 ℃等温,250 ℃回火 2 次		

3. 冷作模具热处理选用实例

(1)CrWMn 钢制光栏片上冲模的热处理

光栏片是光学仪器中大量使用的零件,用 0.06~0.08 mm 的低合金冷轧钢带冲制而成。要求严格控制尺寸精度和 α 夹角的公差,端面粗糙度低于 $R_a0.8\ \mu m$,因而对光栏片冲模有较高的技术要求。光栏片的上冲模如图 3.13 所示,模具硬度要求为 61~64 HRC,两个冲针孔之间的夹角 α 为 $125°10'\pm8'$。为满足上冲模的技术要求,必须选用合适的钢材和热处理工艺。光栏片冲模如用碳素工具钢制造,淬火时易产生变形超差。若选用 Cr12 型钢,则由于加工困难,不便于加工制造。考虑到 CrWMn 钢具有良好的耐磨性和淬透性,且淬火变形小,故选用 CrWMn 钢较为合适。

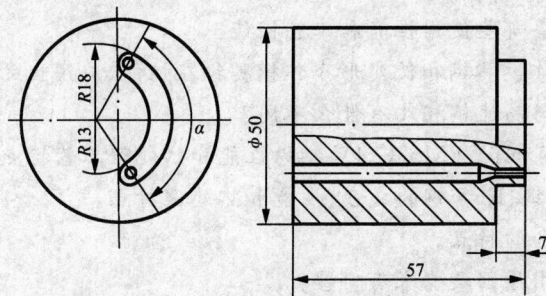

图 3.13　光栏片上冲模图

光栏片上冲模的制造工艺路线为:毛坯→球化退火→粗加工→调质→半精加工→去应力退火→精加工→淬火回火→精磨。其热处理工艺参数如下:

①球化退火:800 ℃×(3~4) h 炉冷至 720 ℃,720 ℃×(2~3) h 炉冷至 500 ℃以下出炉空冷。

②调质:830 ℃×15 min 油淬,(700 ℃~720 ℃)×(1~2) h 回火,硬度 22~26 HRC。

③去应力退火:640 ℃×4 h,炉冷至 300 ℃以下出炉。

④淬火回火:为模具的最终热处理,其淬火回火工艺如图 3.14 所示。回火后硬度为 61~64 HRC,α 夹角的公差 2′~6′。

(2)0Cr18Ni9 表壳冷挤压模的热处理

不锈钢表壳形状较复杂,其材料为 0Cr18Ni9。原用于表壳冷挤压成型的凸、凹模均采用 W18Cr4V 钢,但挤压 300 件左右就会在凸模表带销成形部位根部产生裂纹,模具其他部位无明显磨损。通过对裂纹进行断面分析,没有发现原始裂纹存在,钢的碳化物均匀性级别<3 级,晶粒度为 10 级,硬度为 63 HRC。分析结果表明,钢材质量没有问题,而是 W18Cr4V 钢的抗弯强度、韧性不足所致。所以应选用高强韧性钢来制造该模具。高强韧性钢 6W6Mo5Cr4V (6W)与 7Cr7Mo2V2Si(LD)的抗弯强度均在 5 000 MPa 以上,高于 W18Cr4V。但在此强度下 7Cr7Mo2V2Si(LD)的冲击韧度比 6W6Mo5Cr4V(6W)高出一倍,因此选用 7Cr7Mo2V2Si (LD)钢制作凸模。7Cr7Mo2V2Si(LD)钢凸模锻后退火工艺如图 3.14 所示,淬火、回火工艺如图 3.15 所示。7Cr7Mo2V2Si(LD)钢制造的表壳冷挤压凸模,使用寿命达 1.5×10⁴ 次。

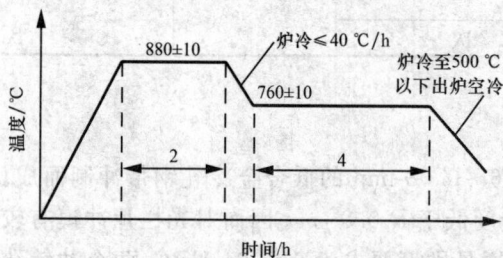

图 3.14　LD 钢退火工艺

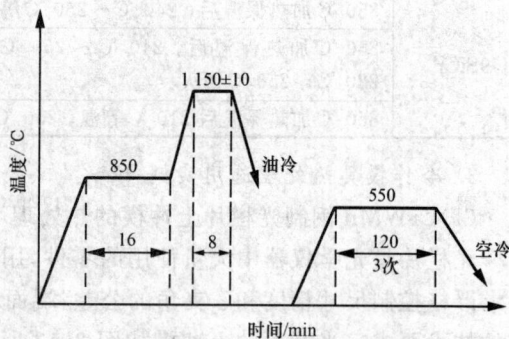

图 3.15　LD 钢淬火、回火工艺

☎练一练

1. 冷作模具钢应具备哪些使用性能和工艺性能?

2. 比较低淬透性冷作模具钢和低变形冷作模具钢在性能、应用上的区别?

3. 什么是基体钢?与高速钢相比有什么不同?

4. 试述 Cr12MoV 钢和 6W6Mo5Cr4V 钢的性能和热处理工艺特点。

5. 简述 GD 钢、GM 钢、ER5 钢的成分、性能和热处理特点。

6. 简述钢结硬质合金的特点。

7. 冷作模具材料选用原则及要求有哪些?

8. 冷作模具强韧化处理工艺有哪些?说明其工艺特点。

项目四 热作模具材料

　　热作模具主要是指用于热变形加工和压力铸造的模具。其工作特点是,在外力作用下,使加热的固体金属材料产生一定的塑性变形,或者使高温的液态金属铸造成形,从而获得各种所需形状的零件或精密毛坯。典型的热作模具有锤锻模、压力机锻模、热挤压模、热冲裁模、压铸模等。由于被加工材料的不同和使用的成形设备不同,模具的工作条件有较大差别,因此,在选择模具材料及热处理工艺时应根据模具的工作条件,失效形式,选用性能合适的钢种才能保证模具具有较长的工作寿命。本模块将主要介绍热作模具钢的特性及热处理工艺特点等内容。

> ✔ **任务一　热作模具材料的性能要求**
> ✔ **任务二　热作模具材料及热处理**
> ✔ **任务三　热作模具材料及热处理选用**

任务一　热作模具材料的性能要求

热作模具是在机械载荷和温度均发生循环变化的条件下工作,模具工作表面温度高,一般在 400 ℃以上,高时甚至达 700 ℃(见表 4.1),因而易产生塑性变形、热磨损、热疲劳、断裂、热熔损和冲蚀等失效形式。因此,热作模具材料除应具备常温下的性能要求外,更应具备高温下的性能要求。同时为满足加工工艺需要,还应具备良好的加工工艺性能。

表 4.1　热作模具表面温度

模具类型		模具表面温度/℃	
		一般	最高
大截面锤锻模、压力机锻模		400	—
中小型压力机锻模		600	≥650
热挤压模	铝合金	550	≥600
	铜合金	750	—
压铸模	铝合金	600	700
	铜合金	≥750	—
热冲裁模		300~500	700

一、热作模具材料的使用性能要求

评价热作模具钢的力学性能指标主要有硬度、强度、韧度等,除了测试室温性能外,还必须测试材料在高温条件下的硬度、强度和冲击韧度等。

1. 硬度

硬度是模具的主要性能指标,一般热作模具的硬度为 40~52HRC。模具钢的硬度取决于马氏体中的碳含量、钢的奥氏体化温度和保温时间。马氏体中的二次硬化则与钢的合金化程度有关系,随着回火温度的升高,马氏体中的碳含量虽然降低,但如果特殊碳化物呈弥散析出并促使残余奥氏体转变成马氏体,则模具钢的高温硬度将会提高。

2. 强度

强度是模具整个截面或某个部位在服役时抵抗静载塑性变形和断裂的能力。有屈服点、抗拉强度、抗压强度等。一般模具不允许发生永久的塑性变形,所以要求具有高的屈服强度。热作模具在高温下工作,还要求其具有较高的高温强度。

3. 冲击韧度和断裂韧度

冲击韧度是衡量模具材料在冲击载荷作用下抵抗破断的能力。材料的冲击韧度越高,热疲劳强度也会越高。热作模具,尤其是热锻模,工作时承受很大的冲击力,而且冲击频率很高,如果模具没有高的强度和良好的韧性,就容易开裂。所以,应采用合理的锻造及热处理方法和工艺参数,防止碳化物偏析和晶粒粗大,减少淬火应力,提高钢的韧性。断裂韧度则表征了裂纹失稳扩展的抗力。

热作模具材料除需具备上述力学性能之外,还要求具有下述特殊性能:

①热稳定性

表征钢在受热过程中保持组织和性能稳定的能力。通常,钢的热稳定性可用回火保温 4 h,硬度降到 45HRC 时的最高加热温度表示。对于原始硬度低的材料,也可用保温 2 h,使硬度降到 35HRC(一般热作模具堆积塌陷失效的硬度)的最高加热温度作为该钢的热稳定性指标。热作模具工作时,接触的是炽热的金属,甚至是液态金属,所以模具表面温度很高,一般为 400 ℃~700 ℃。这就要求热作模具材料在高温下不发生软化,具有高的热稳定性,否则模具就会发生塑性变形,造成堆塌而失效。

②回火稳定性

是指随回火温度的升高,材料的强度和硬度下降的快慢程度,也称为抗回火软化能力。它与热稳定性共同表征模具在高温下的变形抗力。

③高淬透性

热作模具一般尺寸比较大,热锻模尤其是这样,为了使整个模具截面的力学性能均匀,要求热作模具钢有高的淬透性能。

④优良的耐热疲劳性

热作模具的工作特点是反复受热受冷,模具一时受热膨胀,一时又冷却收缩,形成很大的热应力,而且这种热应力是方向相反,交替产生。在交变热应力作用下,模具表面会形成网状裂纹(龟裂),这种现象称为热疲劳。热疲劳通常以 20 ℃~750 ℃条件下反复加热冷却时产生裂纹的循环次数或当循环一定次数后测定的裂纹长度来确定。模具因热疲劳而过早地断裂,是热作模具失效的主要原因之一,所以热作模具材料必须要有良好的耐热疲劳性。

⑤良好的抗热磨损与抗氧化性能

由于热作模具工作时除受到毛坯变形时产生摩擦磨损之外,还受到高温氧化腐蚀和氧化铁屑的研磨,绝大多数锤锻模及压力机模具都因磨损而失效,所以要求热作模具材料有较高的硬度和抗黏附性。

实际使用表明,模具材料抗氧化性能的优劣,对模具使用寿命影响很大。因氧化会加剧模具工作过程中的磨损,导致模具型腔尺寸超差而报废,氧化还会使模具表面产生腐蚀沟,

成为热疲劳裂纹起源,加剧模具热疲劳裂纹的萌生与扩展。因此,要求模具具备一定的抗氧化性。

⑥良好的导热性

为了使模具不致积热过多,导致力学性能下降,要尽可能降低模面温度,减小模具内部的温差,这就要求热作模具材料要有良好的导热性能。

二、热作模具材料的工艺性能要求

模具的加工费用约占普通模具成本的一半以上,模具材料的工艺性好坏,直接关系到模具材料的推广和应用。热作模具材料与冷作模具材料一样同样要求具有良好的锻造、热处理、切削加工工艺性能。

1. 锻造工艺性

钢的高温强度越低,伸长率越大,材料的锻造变形抗力越小,成形工艺性越好。

2. 热处理工艺性

热处理工艺性好的模具材料容易保证热处理质量,从而充分发挥材料的性能潜力,达到设计的使用寿命要求。

3. 切削加工工艺性

切削加工费用约占模具加工成本的 90%,切削加工的难易程度将直接影响钢种的推广应用。

任务二　热作模具材料及热处理

　　热作模具钢多为中碳合金钢,按耐热性可分为:高耐热(580 ℃~650 ℃)用钢、中耐热(550 ℃~600 ℃)用钢和低耐热(350 ℃~370 ℃)用钢;按特有性能可分为:高韧性钢、高热强性钢、高耐磨钢;按合金元素含量可分为:低合金热作模具钢、中合金热作模具钢、高合金热作模具钢;按用途可分为:热锻模用钢、热挤压模用钢、压铸模用钢。又可细分为:锤锻模用钢、机锻模用钢、热挤压模用钢、热锻模用钢、热冲裁模用钢、压铸模用钢。具体分类方式及常见钢号见表 4.2。

表 4.2　热作模具钢的分类

按用途	按性能	按耐热性	按合金元素	钢　号
锤锻模用钢	高韧性热模钢	低耐热模具钢	低合金热模钢	5CrNiMo,5CrMnMo,4CrMnSiMoV,4SiMnMoV,
			中合金热模钢	5Cr2NiMoVSi,45Cr2NiMoVSi,3Cr2MoWVNi
机锻模、热挤压模、热镦模用钢	高热强热模钢	中耐热模具钢	中合金热模钢	4Cr5MoSiV,4Cr5MoSiV1,4Cr5W2VSi
	特高热强热模钢	高耐热模具钢	中合金热模钢	3Cr2W8V,3Cr3Mo3W2V,4Cr3Mo3SiV,5Cr4W5Mo2V,5Cr4Mo3SiMnVA1
压铸模用钢	高热强热模钢	中耐热模具钢	中合金热模钢	4Cr5MoSiV1,4Cr5W2VSi,
	高热强热模钢	高耐热模具钢	中合金热模钢	3Cr2W8V,3Cr3Mo3W2V,
热冲裁模用钢	高耐磨热模钢	低耐热模具钢	低合金高碳模具钢	8Cr3,7Cr3

一、低耐热高韧性热作模具钢及热处理

　　这类钢主要用于各种尺寸的锤锻模、平锻机锻模、大型压力机锻模等。锻模在工作中承受很大的冲击载荷;在锻造过程中,模具型腔与很高温度的锻坯接触,模具工作面温升常达300 ℃~400 ℃,有时局部可达 500 ℃~600 ℃;锻模型腔与炽热的工件表面会产生剧烈摩擦,即工作面受到热磨损;模具在锻打后,又受到反复冷却,即在急冷急热条件下工作;锻模的截面较大而型腔形状复杂,因此要求这类模具钢具有高的淬透性,良好的冲击韧度、高的热疲劳抗力,高的硬度与良好的耐磨性及良好的加工工艺性和抗氧化性能等。

　　为了满足上述性能,高韧性热作模具钢中不能含有太高的碳及碳化物形成元素,碳的质量分数应控制在 0.3%~0.5%,同时加入少量的 Cr、Mo、V、Ni、Mn、Si 等以提高淬透性及热强性,加入少量的 Mo、W 有助于消除高温回火脆性。常见低耐热高韧性热作模具钢有5CrNiMo、5CrMnMo、4CrMnSiMoV、5Cr2NiMoVSi 及 45Cr2NiMoVSi 等。其化学成分见表 4.3。

表 4.3 常见低耐热高韧性热作模具钢的化学成分

钢 号	化学成分(ω,%)							
	C	Mn	Si	Cr	Mo	V	Ni	S,P
5CrMnMo	0.50～0.60	1.20～1.60	0.25～0.60	0.60～0.90	0.15～0.30	—	—	各≤0.030
5CrNiMo	0.50～0.60	0.50～0.80	≤0.40	0.50～0.80	0.15～0.30		1.40～1.80	各≤0.030
4CrMnSiMoV	0.35～0.45	0.80～1.10	0.80～1.10	1.30～1.50	0.40～0.60	0.20～0.40		各≤0.030
45Cr2NiMoVSi	0.40～0.47	0.40～0.60	0.50～0.80	1.54～2.0	0.80～1.20	0.30～0.50	0.80～1.20	各≤0.030
5Cr2NiMoVSi	0.46～0.53	0.40～0.60	0.60～0.90	1.54～2.0	0.80～1.20	0.30～0.50	0.80～1.20	各≤0.030

1. 5CrNiMo、5CrMnMo、4CrMnSiMoV 钢

(1)主要性能特点

5CrNiMo 钢是目前国内用量较大的锻模钢,淬透性、塑性、韧性良好,尺寸效应不敏感,通用性强,大、中、小型模块,深、浅型槽的模块均可用 5CrNiMo 钢。由于该钢具有很高的淬透性,更适合于制造形状复杂、冲击负荷较大,要求高强度和韧性较高的中、大型锤锻模,如高度尺寸大于 375 mm 的大型锤锻模。但热稳定性较差,高温强度低,通常在 400 ℃以下工作可保持较高的强度,超过 400 ℃时强度便急剧下降,模具温升到 550 ℃时,σ_b 与室温比较下降近一半。钢中不含钒,淬硬性较低,抗热磨损和抗热疲劳性能差,模具寿命短。另锻坯中易产生白点,需增加去白点退火处理。

5CrMnMo 钢与 5CrNiMo 钢相比,其强度略高于 5CrNiMo 钢,但用锰代镍降低了其在常温及较高温度下的塑性和韧性,在相同的硬度下,冲击韧度低于 5CrNiMo 钢;其次,淬透性、耐热疲劳性也稍差;并且热处理时过热倾向较大。主要用于制造要求较高强度和耐磨性,而韧性要求不甚高的各种中、小型锤锻模及部分压力机模块,也可用于工作温度低于 500 ℃的其他小型热作模具。

4CrMnSiMoV 钢不含镍,但具有较高的强度、耐磨性、冲击韧度及断裂韧度,其冲击韧度与 5CrNiMo 相近或稍低,而高温性能、抗回火稳定性、热疲劳抗力好于 5CrNiMo 钢,可以代替 5CrNiMo 钢用于大型锤锻模和水压机锻造用模,也可用于中、小型锻模,寿命明显比 5CrNiMo 钢高。5CrMnMo 与 4CrMnSiMoV 钢不同温度下的力学性能见表 4.4。

表 4.4 5CrMnMo 与 4CrMnSiMoV 钢不同温度下的力学性能

试验温度/℃	材料	σ_b/MPa	δ/%	ψ/%	α_k/(J/cm²)
20	4CrMnSiMoV	1 400～1 450	11～12	45～50	50～55
	5CrMnMo	1 300～1 500	6～7	30～32	30～32
300	4CrMnSiMoV	1 300～1 350	14～16	55～60	70～80
	5CrMnMo	1 000～1 200	12～13		60～70
600	4CrMnSiMoV	750～800	20～25	70～75	70～80
	5CrMnMo	450～500	20～25		30～40

(2)热处理工艺

① 5CrNiMo、5CrMnMo、4CrMnSiMoV 钢的退火

5CrNiMo 钢采用完全退火或等温退火。完全退火加热温度为 760 ℃～780 ℃,保温后随炉缓冷至 500 ℃出炉空冷,退火硬度为 197～241HBS。等温退火加热温度为 760 ℃～780 ℃,

等温温度为 680 ℃,退火硬度为 197～241HBS。

5CrMnMo 钢等温退火加热温度为 850 ℃～870 ℃,等温温度为 680 ℃,退火硬度为 197～241HBS。

4CrMnSiMoV 钢等温退火加热温度为 840 ℃～860 ℃,等温温度为 700 ℃～720 ℃。

不同尺寸模块的退火工艺规范见表 4.5。

表 4.5　不同尺寸模块的退火工艺规范

模具规格/mm	600 ℃～650 ℃ 预热时间/h	升温	保温温度/℃	保温时间/h	冷　却
250×250×250	2	随炉缓慢升温	830～850	4～5	随炉缓冷(以 50 ℃/h)至 500 ℃以下出炉空冷
300×300×300	3		830～850	5～6	
350×350×350	4		830～850	6～7	
400×400×400	5		840～860	7～8	
450×450×450	6		840～860	8～9	
500×500×500	7		840～860	9～10	

② 5CrNiMo、5CrMnMo、4CrMnSiMoV 钢的淬火与回火

5CrNiMo 钢经 600 ℃～650 ℃温度预热后加热到 830 ℃～860 ℃,保温后油淬。5CrNiMo 钢的模块如果出油温度低,容易淬裂,常在 200 ℃左右出油,但心部未转变成马氏体的过冷奥氏体,在回火时会转变成上贝氏体组织,冲击韧度极低,寿命短。为此可采用等温淬火,先将模具淬入 150 ℃的油中,再转入 280 ℃～300 ℃硝盐浴中停留 2～3 h,获得"马氏体＋下贝氏体＋少量残余碳化物"组织,这样模具的寿命会明显提高。

5CrMnMo 钢加热温度为 840 ℃～860 ℃油淬,冷却到 150 ℃～180 ℃左右出油立即回火。为减少变形,防止开裂,淬火时最好延时冷却,可空冷到 740 ℃～780 ℃左右再入油淬火。

4CrMnSiMoV 钢大型锤锻模采用 870 ℃～900 ℃加热油淬,中小型锤锻模采用 900 ℃～930 ℃加热油淬。

淬火后的模具应立即移入回火炉中进行回火,回火工艺见表 4.6,由表中可见锻模燕尾部分与模体部分需以不同温度回火,才能保证燕尾部分的韧性、降低燕尾开裂失效。

淬、回火温度对 5CrNiMo 钢硬度的影响见表 4.7。

表 4.6　5CrNiMo、5CrMnMo、4CrMnSiMoV 钢模具的回火工艺

	模具类型	温度/℃			设备	硬度/HRC		
		5CrNiMo	5CrMnMo	4CrMnSiMoV		5CrNiMo	5CrMnMo	4CrMnSiMoV
模体部分	小型	490～510	490～510	550～580	煤气炉或电阻炉	44～47	41～47	44～46
	中型	520～540	520～540	580～600		38～42	38～41	41～44
	大型	560～580		600～630		34～37		38～42
燕尾部分	小型		620～640				35～39	
	中型	620～640	640～660	600～620		34～37	34～37	35～39
	大型	640～660				30～35		

注:锻模保温 2～3 h,燕尾保温 3～4 h。

表 4.7 淬、回火温度对 5CrNiMo 钢硬度的影响

硬度/HRC 淬火温度/℃	回火温度/℃						
	300	350	400	450	500	550	600
900	52	50	48	45	41	38	32
950	53	51	49	46	42	39	33
1 000	54	52	50	47	43	40	34

2. 5Cr2NiMoVSi 及 45Cr2NiMoVSi 钢

5CrNiMo、5CrMnMo 钢用于大截面热锻模，由于热稳定性差，高温强度低，耐热磨损和耐热疲劳性差，模具型腔易发生热磨损、热疲劳，模具寿命较低。为此研制了新型锤锻模用钢 5Cr2NiMoVSi 和 45Cr2NiMoVSi。

（1）主要性能特点

这两种钢的 W_C 分别为 0.5% 和 0.4%，合金元素的种类和质量分数相同，所以，两者的力学性能、工艺性能相近。与 5CrNiMo 钢相比，钢中主要添加了一定量的钒和硅，将碳、镍、铬、钼等元素含量合理搭配，从而使得其高温强度大幅度提高，且具有更高的淬透性和热稳定性。在 500 ℃ 以下时，5Cr2NiMoVSi 钢的高温强度与 5CrNiMo 钢相近；而当高于 600 ℃ 时，5Cr2NiMoVSi 钢的强度却高出一倍以上。热稳定性提高（温度提高了 150 ℃～170 ℃），使用寿命提高一倍。5Cr2NiMoVSi 和 5CrNiMo 钢的高温强度比较见表 4.8。5Cr2NiMoVSi 钢主要用于制造各类压力机模具和 3 t 以上锤锻模，45Cr2NiMoVSi 钢适合制作各类锤锻模，特别是 10 t 以下的大截面锤锻模具。

表 4.8 5Cr2NiMoVSi 和 5CrNiMo 的高温强度比较

抗拉强度 σ_b/MPa 钢 号	试验温度/℃						
	200	300	400	450	500	550	600
5Cr2NiMoVSi	1 280	1 200	1 100	1 030	960	760	580
5CrNiMo	1 270	1 200	1 160	1 030	900	650	290

（2）热处理工艺

① 退火

完全退火加热温度为 850 ℃～870 ℃，保温后随炉缓冷至 500 ℃ 出炉空冷；等温退火加热温度为 800 ℃，等温温度为 720 ℃，退火硬度为 220～230HBS。

② 淬火和回火

用于大截面锤锻模 5Cr2NiMoVSi 钢的淬火温度一般为 960 ℃～980 ℃，回火温度为 620 ℃～660 ℃；45Cr2NiMoVSi 钢的淬火温度为 960 ℃～980 ℃，型腔回火温度为 630 ℃～670 ℃，燕尾回火温度为 680 ℃～700 ℃。5Cr2NiMoVSi 钢 985 ℃ 淬火不同温度下回火的力学性能见表 4.9。

表 4.9 5Cr2NiMoVSi 钢的力学性能（985 ℃）淬火

回火温度/℃ 力学性能	300	350	400	450	500	550	600	650
HRC	55	54	53	53	53.5	52	49	42
σ_b/MPa	2 040	1 960	1 900	1 880	1 900	1 880	1 640	1 300
α_k/(J/cm^2)[①]	35	32	30	30	33	40	38	56

注：夏比 U 形缺口试样。

5Cr2NiMoVSi 与 5CrNiMo 钢模块的热处理规范比较见表 4.10。

表 4.10　5Cr2NiMoVSi 与 5CrNiMo 钢模块的热处理规范

模块截面尺寸/mm×mm		5CrNiMo		5Cr2NiMoVSi		回火后的硬度/HRC
		淬火加热温度/℃	回火温度/℃	淬火加热温度/℃	回火温度/℃	
锤锻模	小于 300×300	820～850	480～520	960～980	620～640	40～45
	大于 300×300	820～850	520～560	960～980	630～660	38～41
压力机锻模	小于 300×300	840～870	420～450	970～1 000	610～630	45～47
	大于 300×300	840～870	450～480	970～1 000	630～650	42～44

3. 3Cr2MoWVNi 钢

（1）主要性能特点

3Cr2MoWVNi 钢含碳量较低，淬火后最高硬度为 52HRC。该钢具有二次硬化效应，经 600 ℃回火后，仍能保持较高的硬度（45～50HRC），回火温度高于 600 ℃后硬度才急剧下降，因而其热稳定性明显高于 5CrNiMo、5CrMnMo 和 4CrMnSiMoV 钢。3Cr2MoWVNi 钢室温及高温力学性能见表 4.11 所示。3Cr2MoWVNi 钢主要用作机锻模材料。

表 4.11　3Cr2MoWVNi 钢室温及高温力学性能

热处理工艺	测试温度/℃	硬度/HRC	α_{sk}（J/cm²）	σ_b/MPa	σ_s/MPa	ψ/%
1 000 ℃加热淬火 600 ℃回火 2 h	室温	46	80	1560	1450	65
1 000 ℃加热淬火 650 ℃回火 2 h	室温	40～42	105	1390	1290	65
1 000 ℃加热淬火 回火到 41～43HRC	650		250	700	610	81

（2）热处理工艺

① 退火

等温退火加热温度 820 ℃，等温温度 700 ℃～720 ℃。

② 淬火、回火工艺

淬火温度 980～1 020 ℃，回火温度 610 ℃～660 ℃，硬度 41～43HRC，具体淬火温度的选择应视要求模具有良好的韧性或较高回火稳定性的具体情况而定。

二、高强韧性热作模具钢及热处理

这类钢的特点是碳质量分数较低（0.3％～0.5％），含有较多的铬、钼、钒等碳化物形成元素，在较小截面时与 5CrNiMo 具有相近的韧性，而在工作温度为 500 ℃～600 ℃时却具有更高的硬度、热强性和耐磨性，在许多热作模具上都有广泛的应用。通常也称为中等耐热性韧性钢，其韧性及耐热性介于高韧性及高热强性热作模具钢之间。常见钢号有 4Cr5MoSiV1（H13）、4Cr5MoSiV（Hll）、4Cr5W2VSi、3Cr3Mo3W2V（HM-1）、4Cr3Mo3SiV（H10）、25Cr3Mo3VNb（HM-3）、2Cr3Mo2NiVSi（PH）、4Cr5Mo2MnVSi（Y10）及 4Cr3Mo2MnVNbB（Y4）钢等。下面介绍部分钢种的性能特点与热处理规范。

1. 铬系热作模具钢

铬系热作模具钢的代表性钢种有 4Cr5MoSiV1（H13）、4Cr5MoSiV（Hll）、4Cr5W2VSi 钢

等,从碳和铬的质量分数看,属于中碳中铬钢,其化学成分见表4.12。

表 4.12　铬系热作模具钢化学成分

钢　号	化学成分/%							
	C	Si	Mn	PS	Cr	W	Mo	V
4Cr5MoSiV	0.33~0.43	0.80~1.20	0.20~0.50	≤0.03	4.75~5.50		1.1~1.65	0.3~0.6
4Cr5MoSiV1	0.33~0.43	0.80~1.20	0.20~0.50	≤0.03	4.75~5.50		1.1~1.75	0.8~1.2
4Cr5W2VSi	0.33~0.43	0.80~1.20	≤0.04		4.75~5.50	1.60~2.4		0.6~1.0

(1)主要性能特点

这类钢具有共同的性能特点,因含 Cr 较多,淬透性好(属空冷硬化钢);冲击韧度和断裂韧度较高;并且具有良好的耐热疲劳抗力和抗氧化性;较能适应急冷急热的工作条件。与 5CrNiMo 钢相比,在 500 ℃~600 ℃工作温度下,具有更高的硬度、热强性和耐磨性。与钨系热作模具钢相比,冲击韧度高,但高温强度低,耐热性稍差。因此,这类钢的工作温度一般不超过 600 ℃。三种钢的室温及高温力学性能见表 4.13。铬系热模钢是通用性较强的热作模具钢,广泛应用于铝型材挤压模;汽车、拖拉机、五金工具等行业的机锻模、辊锻模;轴承行业挤压模及辗压辊;压铸模等方面。

(2)热处理工艺

① 退火

铬系热作模具钢锻后退火工艺,等温球化退火:加热温度为 860 ℃~890 ℃,等温温度为 750 ℃,冷至 500 ℃以下出炉空冷,获得粒状珠光体组织,退火硬度为 192~235HBS。普通退火:加热温度 860 ℃~900 ℃,以 30 ℃/h 冷速冷至 500 ℃以下出炉空冷。

② 淬火及回火

三种钢常用热处理规范见表 4.14。

三种钢淬透性很好,直径在 150 mm 以下的钢材可以空冷淬硬,H13 钢是国际上广泛应用的一种空冷硬化型热作模具钢。H11 钢淬火时不需预热,可直接加热到 1 000 ℃~1 020 ℃,油淬或分级淬火,而 H13 钢淬火前需经 2 次预热,然后加热到 1 020 ℃~1 050 ℃,油淬、空淬或分级淬火。4Cr5W2VSi 钢锻造、热处理工艺参数与 H13 钢相近。注意:三种钢在 200 ℃以上随回火温度升高,α_k 值下降,在 500 ℃左右冲击韧度最低,所以应避免在 500 ℃附近回火或进行化学热处理。

表 4.13　铬系热作模具钢的室温及高温力学性能

钢　号	温度	硬度/HV	σ_b/MPa	σ_s/MPa	δ/%	ψ/%	α_k/(J/cm²)
4Cr5MoSiV	室温	—	1 718	1 444	11.2	43.7	17.7
	300	454.5	1 446	1 251	12.1	53.2	41.1
	600	394	946	834	20.5	72.9	67.7
	650	362	620	556	24	83.2	66.1
	700	246.5	198	160	53.4	98.8	88.3
4Cr5MoSiV1	温度	—	1 739	1 469	10.8	32.4	16.8
	300	491.5	1 504	1 311	12.0	39.1	28.8
	600	364	895	794	21.9	72.9	31.0
	650	302.5	471	402	33.1	85.5	36.5
	700	227.5	226	179	55	94.9	70.0

续表

钢　　号	温度	硬度/HV	σ_b/MPa	σ_s/MPa	δ/%	ψ/%	α_k/(J/cm²)
4Cr5W2VSi	温度	—	1 612	1 394	12	43	16.0
	300	444.5	1 392	1 227	11.9	51.9	30.1
	600	371	822	719	19.7	67.5	45.2
	650	314.5	605	530	21.1	71.5	47.1
	700	250	301	266	33.9	89.1	65.7

表 4.14　铬系钢常用热处理规程

钢　号	淬火规程		达到以下硬度时的回火温度/℃		达到 40HRC 的回火温度/℃
	温度/℃	淬火后硬度/HRC	48～50HRC	44～46HRC	
4Cr5MoSiV1	1 000～1 020	50～52	540～560	580～590	600
4Cr5MoSiV	1 020～1 040	53～55	560～580	610～620	630
4Cr5W2VSi	1 030～1 050	53～56	560～580	600～620	630

2. 铬钼系热作模具钢 3Cr3Mo3W2V（HM-1）、4Cr3Mo3SiV（H10）及 25Cr3Mo3VNb（HM-3）

这类钢中含碳量较低,铬质量分数及钼质量分数均为 3％左右,故也称 3Cr-3Mo 系热模钢,为提高热强性及回火抗力,有时也加入钴或钨（如国外钢号 3Cr3Mo3Co3V）,其化学成分见表 4.15。这类钢的回火抗力及热稳定性高于铬系钢,有的钢其回火抗力、高温强度与3Cr2W8V 钢相近,但其韧性及断裂韧度高于 3Cr2W8V 钢。

表 4.15　4Cr3Mo3SiV、25Cr3Mo3VNb 和 3Cr3Mo3W2V 钢的化学成分

钢　号	C	Si	Mn	Cr	Mo	W	V	其他
4Cr3Mo3SiV	0.35～0.45	0.80～1.20	0.25～0.70	3.00～3.75	2.00～3.00		0.25～0.75	
25Cr3Mo3VNb	0.20～0.30	≤0.60	≤0.35	2.7～3.20	2.6～3.20		0.60～0.80	Nb 0.08～0.15
3Cr3Mo3W2V	0.32～0.42	0.60～0.90	≤0.65	2.80～3.30	2.50～3.00	1.20～1.80	0.80～1.20	

（1）主要性能特点

3Cr3Mo3W2V(HM-1)钢是在对比 3Cr3Mo3V 钢及 3Cr3Mo3Co3V 钢性能及使用寿命之后,结合我国资源条件而研制成功的新型热作模具钢。在化学成分上钨含量比 3Cr2W8V 大大降低,同时铬和钒的含量有所增加。该钢具有优良的强韧性,在保持高强度、高热稳定性及高冷热疲劳抗力的同时还具有较高韧性,室温及高温力学性能如表 4.16 所示。适合用作高温、高负荷急冷、急热水冷条件下工作的热锻模、精锻模,铝合金和铜合金压铸模、热挤压模,使用寿命比 5CrNiMo 及 3Cr2W8V 钢制模具提高 1～4 倍。HM-1 钢是目前国内研制的新钢种中工艺性能好、使用面广、模具寿命高、具有广阔应用前景的高强韧热模钢。

表 4.16 3Cr3Mo3W2V 钢的室温及高温力学性能

热处理工艺	试验温度/℃	σ_b/MPa	σ_s/MPa	δ/%	ψ/%	α_k/(J/cm²)
1 050 ℃油淬,600 ℃ 加热保温 1.5 h,回 火 2 次	20	1 610	—	7.3	43.5	40
	20	2 040	—	5.6	32.0	—
	300	1 395	1 200	8.0	46.5	
	500	1 180	975	10.0	51.5	54
	550	1 050	975	12.0	52.0	55
	600	935	725	12.5	59.5	
	650	745	580	18.0	78.3	54
	700	478	400	16.5	90.0	

4Cr3Mo3SiV(H10)钢具有非常好的淬透性,很高的韧性和高温硬度,当回火温度超过 260 ℃时,该钢硬度即高于 H13 钢。4Cr3Mo3SiV 钢可制造热挤压模、热冲模、热锻模及塑压模等。

25Cr3Mo3VNb(HM-3)钢是在含碳量较低的情况下加入了微量元素铌,使钢具有更高的抗回火稳定性、热强性。HM-3 钢高温强度高,当试验温度低于 600 ℃时,HM-3 钢的强度低于 4Cr5W2VSi 钢,而当温度高于 600 ℃时,HM-3 钢的强度却高于 4Cr5W2VSi 钢。室温及高温力学性能见表 4.17。

表 4.17 25Cr3Mo3VNb 钢的力学性能

热处理工艺	试验温度/℃	σ_b/MPa	σ_s/MPa	δ/%	ψ/%	α_k/(J/cm²)
1 050 ℃油淬,600 ℃ 加热保温 1.5 h,回 火两次	20	1 380	—	9.6	55	30
	550	985	830	10	59	63
	600	875	710	12	64	63

HM-3 钢模具在预热至 150 ℃以上使用时可显著提高冲击韧性,因此,为防止模具的早期脆裂,模具使用前必须预热至 150 ℃以上。HM-3 钢在热锻成形凹模,连杆辊锻模,轴承套圈毛坯热挤压凹模,高强钢精锻模、小型机锻模、铝合金压铸模等方面都有良好的应用。HM-3 钢模具寿命比 3Cr2W8V、5CrNiMo、4Cr5W2VSi 等模具提高 2~10 倍,可有效地克服模具因热磨损、热疲劳、热裂等引起的早期失效。

(2)热处理工艺

① 退火处理

3Cr3Mo3W2V(HM-1)钢锻后退火采用等温球化退火,加热温度 870 ℃,等温温度 730 ℃,炉冷到 550 ℃以下出炉空冷,退火后硬度 207~225HBS。也可采用快速球化退火工艺退火。

25Cr3Mo3VNb(HM-3)钢球化退火加热温度 860 ℃~900 ℃,等温温度 710 ℃~730 ℃,炉冷至 550 ℃以下出炉空冷。HM-3 钢还可采用快速球化退火工艺,即先高温(1 030 ℃)加热油淬,使之处于不稳定的组织状态,以增高位错密度。然后在略低于 AC1 临界点的温度下再加热,待到温均热后,随即炉冷至 550 ℃以下出炉空冷。球化组织细小、均匀,退火周期可缩短 1/3 以上。

② 淬火及回火

3Cr3Mo3W2V(HM-1)钢在 1 030 ℃～1 120 ℃范围加热淬火时仍能保持 10 级以上晶粒度(见表 4.18),具体工艺可根据工件要求选用。回火:回火温度在 580 ℃～620 ℃之间选择,回火 2 次,每次不低于 2 h。

表 4.18　3Cr3Mo3W2V 钢的淬火硬度及晶粒度

淬火温度/℃	950	1 000	1 030	1 050	1 100	1 150
硬度/HRC	50～51	52～53	54～55	55	57	58～59
晶粒度等级	11.5	11.5	11	11	11	9.510

4Cr3Mo3SiV(H10)钢在 1 010 ℃～1 030 ℃范围加热淬火时,获得 52～55HRC 硬度,在 600 ℃～620 ℃加热回火时硬度几乎不下降,在 620 ℃～640 ℃加热回火时硬度为 40～50HRC。

25Cr3Mo3VNb(HM-3)钢淬火加热温度为 1 080 ℃～1 100 ℃,淬火硬度 46～50HRC,晶粒度为 10～11 级。HM-3 钢在 500 ℃～580 ℃温度加热回火时呈现析出硬化效应,硬度比淬火态高 1～2HRC,在 450 ℃～650 ℃温度回火时可获得 42～48HRC 的硬度,具体温度根据对模具的硬度要求选择,回火 2 次。

3. 析出硬化型热作模具钢 PH 钢(2Cr3Mo2NiVSi)

(1)主要性能特点

析出硬化型热作模具钢在淬火和低温回火后的硬度约为 45HRC,可以加工成模具直接使用,避免热处理淬火变形及产生表面的氧化、脱碳。模具在使用过程中表层受热升温,析出特殊碳化物 MoC、VC,形成二次硬化,表面硬度可提高到 48HRC,增加了高温强度和耐热性,而心部组织未发生转变,具有高的韧性。由于组织转变层很薄,因此没有变形。为了具有良好的切削加工性能,PH 钢中加入了 0.05%～0.12%(质量分数)的锆等微量合金元素,使条状MnS 夹杂变成纺锤状硫化物,并使铝酸盐夹杂变成球状钙铝酸盐夹杂,从而改善了钢的横向冲击韧度及切削加工性能。其化学成分见表 4.19,不同温度下的力学性能表见 4.20。PH 钢适用于制造在 500 ℃～600 ℃范围内工作的热锻模,常用于制作啮合齿轮模和连杆模等,使用寿命较 H11 钢提高一倍。

表 4.19　2Cr3Mo2NiVSi(PH)钢的化学成分(%)

钢 号	C	Si	Mn	Cr	Mo	Ni	V	Zr
2Cr3Mo2NiVSi	0.16～0.22	0.60～0.90	0.40～0.70	2.54～3.00	1.80～2.20	0.80～1.20	0.30～0.50	0.05～0.12

表 4.20　2Cr3Mo2NiVSi(PH)钢不同温度下的力学性能

热处理工艺	温度	σ_b/MPa	$\sigma_{0.2}$/MPa	δ/%	ψ/%
1 010 ℃油淬 400 ℃回火 2 小时,硬度为 45.2HRC	300	1 523	1 230	11.5	48.8
	400	1 387	1 127	10.1	41
	500	1 280	1 102	9.8	44.2
	550	1 138	993	7.7	46.7
	600	965	859	7.6	44.7
	650	625	589	8.2	45.9

(2)热处理工艺

① 退火

780 ℃加热保温,以小于等于 40 ℃/h 的速度冷却到 680 ℃后随炉冷却,退火后硬度为217～229HBS。

② 淬火及回火

淬火加热温度为 990 ℃～1 020 ℃,截面边长小于或等于 100 mm 时采用空冷,截面边长大于 100 mm 时采用油冷。在 370 ℃～400 ℃回火一次,硬度在 45HRC 左右。

4.4Cr5Mo2MnVSi(Y10)及 4Cr3Mo2MnVNbB(Y4)钢

(1)主要性能特点

Y10 钢及 Y4 钢是分别作为铝合金及铜合金压铸模材料而研制的新型热作模具钢,Y10钢的化学成分接近 H13 钢,是在 H13 钢基础上适当提高钒、锰含量并提高硅含量的上限。Y4钢的化学成分接近 HD 钢。Y10 和 Y4 钢的化学成分见表 4.21。

表 4.21　Y10 和 Y4 钢的化学成分

钢号	C	Cr	Mn	Si	Mo	V	P、S	其他
Y10	0.36～0.42	4.5～5.5	0.7～1.5	1.0～1.5	1.8～2.2	0.8～1.2	≤0.03	W_{Al}≤0.05
Y4	0.36～0.42	2.2～2.7	0.9～1.3	0.25～0.5	2.0～2.5	0.9～1.3	≤0.025～0.03	W_{Nb}≤0.04/0.1　W_B≤0.002/0.006

Y10 及 Y4 钢都属于高强韧性热作模具钢,与 3Cr2W8V 钢相比,冷热疲劳及裂纹扩展速率方面明显优于 3Cr2W8V 钢,抗熔蚀能力、冲击韧度、断裂韧性均高,只是耐热性稍差。但Y10 钢可在 610 ℃以下长期工作,Y4 钢的工作温度可更高些。不同温度下性能比较见表4.22。Y10 及 Y4 钢是比较理想的铝铜合金压铸模材料,用于制造有色金属压铸模,使用寿命普遍提高 1～10 倍,而用于热挤压模和热锻模的效果也良好。

表 4.22　Y10、Y4、H13 和 3Cr2W8V 钢性能比较

钢　号	温度	σ_b/MPa	$\sigma_{0.2}$/MPa	δ/%	ψ/%
4Cr5Mo2MnVSi（Y10）	20	1 561	1 472	10.6	41
	300	1 467	1 330	7.7	55.5
	600	950	863	13.8	54.0
4Cr3Mo2MnVNbB（Y4）	300	1 507	1 372	6.4	42
	600	1 070	949	10.6	50.5
4Cr5MoSiV1(H13)	300	1 434	1 283	7.5	56.9
	600	886	825	6.4	58
3Cr2W8V	20	1 699	1 571	11.5	39
	300	1 471	—	7.2	40.9
	600	1 034	—	10.8	53.3

(2)热处理工艺

① 退火

两种钢退火工艺与 3Cr2W8V 钢相近,退火硬度低于 3Cr2W8V 钢。

② 淬火、回火

淬火温度为 1 020 ℃～1 120 ℃,回火温度为 600 ℃～630 ℃,具体淬火和回火温度可根

据用途及要求进行选择。

三、高热强热作模具钢及热处理

高热强热作模具钢主要用于较高温度下工作的热顶锻模具、热挤压模具、铜及黑色金属的压铸模具、压力机模具等。其中压力铸造是在高的压力下,使熔融的金属挤满型腔而压铸成形,在工作过程中模具反复与炽热金属接触,因此要求具有较高的回火抗力及热稳定性。

该类钢中应用得较多较早的有 3 个钢号:3Cr2W8V、5Cr4W5Mo2V(RM-2)、5Cr4Mo3SiMnVA1(012A1)钢。另外还有几个试用得较好的钢号:4Cr3MoW4VNb(GR)、6Cr4Mo3Ni2WV(CG-2)、4Cr3Mo2NiVNbB(HD)、奥氏体耐热钢等。这类钢的钨、钼含量较高,比前两类热作模具钢在高温下有更高的强度、硬度和耐磨性,组织稳定性好,但其韧性和抗热疲劳性能不及低耐热韧性热作模具钢。

1.3Cr2W8V 钢

3Cr2W8V 是钨系高热强热作模具钢的代表钢号,合金元素以钨为主,早在 20 世纪 20 年代开始就用于生产。它是我国长期以来应用最为广泛的压铸模用钢,也可用于制造其他热作模具。其化学成分见表 4.23。该钢含碳量较低,但钨、钼含量较高,从金相组织上看,属于过共析钢组织。

表 4.23 3Cr2W8V 钢的化学成分

C	Cr	Mn	Si	W	V	P、S
0.30~0.40	2.2~2.7	≤0.4	≤0.4	7.5~9.0	0.2~0.5	≤0.03

(1)主要性能特点

该钢含碳量较低,淬火加热中脱碳和变形倾向较小,韧性和导热性较好;合金元素含量高,淬透性好;钨能提高钢的回火稳定性,含钨越高,钢的热稳定性越高,耐磨性越好。铬能增加钢的淬透性;钒能细化晶粒,并增加回火过程中的二次硬化效果,在 550 ℃回火时会出现二次硬化峰,淬火温度越高,二次硬化峰值的硬度越高,热强性越好。在温度不小于 600 ℃时,钢的高温强度和硬度明显要高于铬系热作模具钢。但由于 W_c 的析出,在 650 ℃时冲击韧度最低,因此高温韧性较差。该钢冷热疲劳抗力差,在急冷急热条件下工作,容易出现冷热疲劳裂纹而失效。3Cr2W8V 钢因其耐热性较高,广泛应用于压力机锻模、热挤压模、镦锻模、剪切模,压铸模等方面。

(2)热处理工艺

① 退火:等温退火加热温度为 840 ℃~880 ℃,等温温度为 720 ℃~740 ℃,退火后的组织为珠光体和碳化物,硬度≤241HBS。也可采用不完全退火,加热、保温后炉冷到 400 ℃出炉空冷。

② 淬火及回火:3Cr2W8V 钢淬火加热时需预热 1~2 次,淬火温度、回火温度和硬度的关系见表 4.24。

表 4.24 3Cr2W8V 钢淬火、回火温度与硬度的关系

淬火温度/℃	淬火后硬度/HRC	下列温度回火后硬度/HRC					
		500 ℃	550 ℃	600 ℃	625 ℃	650 ℃	700 ℃
1 050	49	46	47	43	40	36	27
1 070	50	47	48	44	41	37	30

续表

淬火温度/℃	淬火后硬度/HRC	下列温度回火后硬度/HRC					
		500 ℃	550 ℃	600 ℃	625 ℃	650 ℃	700 ℃
1 100	52	48	49	45	42	40	32
1 150	55	49	53	50	47	45	34
1 250	57	—	54	52		49	40

由表 4.24 可见：随淬火温度的增加,钢的硬度增加。同一淬火温度,则在 550 ℃回火时硬度最大,且有二次硬化现象。3Cr2W8V 钢淬透性很好,厚度在 100 mm 以内的工件均可在油中淬透,故淬火冷却采用油冷,为了减小模具的变形,可采用分级淬火和等温淬火。

回火温度应根据淬火后的硬度和性能要求来选择,回火保温时间不少于 2 小时,回火次数一般为 2～3 次。回火后采用油冷,以避免产生第二类回火脆性,最后可再经 160 ℃～200 ℃的补充回火消除油冷产生的内应力。

对于承受动载荷较小的模具采用 1 140 ℃～1 150 ℃淬火,650 ℃～680 ℃回火;对于在动载荷下工作的小模具或大型模具,可选用常规淬火工艺即 1 050 ℃～1 150 ℃加热油冷,550 ℃～650 ℃回火 2 次,硬度为 40～50HRC。

考虑到 3Cr2W8V 钢的耐热疲劳性和韧性较差,有以下三种强韧化方法：

① 高温淬火、高温回火

提高淬火温度,能使合金碳化物进一步溶解,奥氏体的钨含量增加,提高淬火钢的热硬性,在晶粒不粗大的条件下使强韧性、热疲劳性能得到提高。例如 3Cr2W8V 钢制的 40Cr 钢销轴热锻模在作用力 1 600 kN 的摩擦压力机上锻造,原工艺用 1 050 ℃～1 100 ℃淬火,600 ℃～620 ℃回火,硬度为 47～49HRC,使用寿命仅 500～2 000 件;改用 1 150 ℃淬火后 660 ℃～680 ℃高温回火,硬度为 39～41HRC,模具寿命达 7 000～10 000 件。

② 贝氏体等温淬火

3Cr2W8V 钢制的自行车曲柄热成形模,在 3 000 kN 摩擦压力机上工作。用常规工艺：1 080 ℃油淬,580 ℃～610 ℃二次回火,硬度为 45～48HRC,平均寿命仅 4 500 件;改用 1 100 ℃加热,340 ℃～350 ℃硝盐浴炉等温淬火,可获得在马氏体上分布适量下贝氏体的混合组织,从而提高了裂纹扩展抗力,使模具的平均寿命提高一倍,达到 9 000 件以上,最高达 3.8 万件。

③ 控制淬硬层淬火

采用高温短时间加热,或控制淬火操作,使模具表面和心部得到不同的淬火加热温度,造成不同的合金度,在随后淬火时可获得内外不同的组织。例如在 1 000～3 000 kN 摩擦压力机上锻尖嘴钳,需用 3Cr2W8V 钢制的热压模,按常规工艺,硬度为 46～48HRC,模具寿命仅 4 000 件,就会出现模腔变形塌陷或开裂,而改用高温短时加热淬火处理的模具,寿命可达 32 000 件。

2.5Cr4W5Mo2V 钢(RM-2)

(1)主要性能特点

5Cr4W5Mo2V 钢主要化学成分见表 4.25 所示。

表 4.25　5Cr4W5Mo2V 钢化学成分

化学成分(%)							
C	Si	Mn	Cr	Mo	W	V	P、S
0.40~0.50	≤0.40	≤0.40	3.4~4.4	1.5~2.1	4.5~5.3	0.7~1.1	≤0.03

由表 4.25 可见,该钢具有较高含碳量,近 0.5%,合金元素总质量分数为 12%,碳化物较多,以(Fe、W)3C 为主,因而具有较高的硬度、耐磨性、回火抗力及热稳定性。但它的碳化物分布不均匀,韧性较差。其高温硬度、强度、冲击韧度见表 4.26。为避免模具产生早期脆断,在使用前必须进行 300 ℃左右的预热。5Cr4W5Mo2V 钢适于制作要求有高的高温强度和抗磨损性能的齿轮精锻模、平锻模、压印机凸模、热挤压模及热切底模、热切边模、辊锻模等模具,使用寿命比 3Cr2W8V 钢普遍延长 2~3 倍,个别模具可延长 10~20 倍。

表 4.26　5Cr4W5Mo2V(RM-2)钢的高温硬度、强度、冲击韧度

试验温度/℃	300	400	500	600	650
硬度/HV	520	480	450	340	250
高温强度/MPa	1 700	1 620	1 500	1 150	900
高温冲击韧度/(J/cm²)	22.6	20.5	21.9	25.9	23.6

(2)热处理工艺

① 退火:常规球化退火工艺加热温度 870 ℃~900 ℃,等温温度 720 ℃~730 ℃,炉冷到 500 ℃以下出炉空冷。快速球化退火工艺 1 030 ℃~1 090 ℃加热保温后油冷,然后在 860 ℃~890 ℃温度下再加热,待到温均热后,随即炉冷至 550 ℃以下出炉空冷。

② 淬火及回火

不同温度淬火后的硬度及晶粒度见表 4.27,1 130 ℃淬火并于不同温度回火后的硬度见表 4.28。可以看出,当淬火加热温度超过 1 150 ℃时,晶粒较明显长大,而超过 1 200 ℃时会显著长大。从表 4.28 可见,当 550 ℃回火时出现二次硬化峰,而 700 ℃回火时仍能保持 40HRC 的硬度。

表 4.27　5Cr4W5Mo2V 钢的淬火硬度及晶粒度

淬火温度/℃	1 000	1 050	1 100	1 120	1 140	1 160	1 180
硬度/HRC	58	58.5	60	60.5	59.5	58	55.5
晶粒度	10	7	6	5~6	5	4~5	4

表 4.28　5Cr4W5Mo2V 钢的回火硬度(1 130 ℃淬火)

回火温度/℃	淬火态	450	500	550	600	625	650	700
硬度/HRC	59	57.5	57.5	58.5	55	52.5	47	40.5

3. 基体钢

基体钢中有多个钢种是冷、热兼用的模具钢。如 012Al、6W8Cr4VTi(LM1)、6Cr5Mo3W2VSiTi(LM2)、6Cr4Mo3Ni2WV(CG-2)等钢,这里主要介绍 5Cr4Mo3SiMnVAl(012Al)和 6Cr4Mo3Ni2WV(CG-2)钢在热作模具上的应用。

(1)5Cr4Mo3SiMnVAl(012A1)钢主要性能特点

012A1 钢是冷、热作兼用模具钢,关于该钢工艺性能及室温力学性能已在冷作模具有关章节中作了介绍,下面主要介绍其高温性能及在热作模具上的应用。

012A1 钢的热稳定性见表 4.29,由表可见,012A1 钢的热强性高于铬系钢,其热稳定性高于 3Cr2W8V 钢,具有较高的热硬性,热疲劳性也比 3Cr2W8V 钢优越得多。制作的热作模具比 3Cr2W8V 钢制的模具使用寿命更长。在轴承套圈热挤压凸模及凹模上应用,模具寿命比 3Cr2W8V 钢高 5~7 倍,在轴承穿孔凸模及辗压辊上应用,寿命提高 2~3 倍。

表 4.29　012A1 钢的热稳定性

热处理工艺		硬度/HRC	在下列温度保温、降到 40HRC 所需时间/h		
淬火温度/℃	回火工艺		640 ℃	660 ℃	680 ℃
1 090	580 ℃加热,保温 2 h,回火 2 次	53	9	9	3
	620 ℃加热,保温 2 h,回火 2 次	48	7	6	3
1 120	560 ℃加热,保温 2 h,回火 2 次	57	11	10	3.5
	620 ℃加热,保温 2 h,回火 2 次	50	10	9	4.5
1 130（3Cr2W8V 钢）	640 ℃保温 2 h,回火 2 次	46	6	3.5	2.5

（2）6Cr4Mo3Ni2WV(CG-2)钢主要性能特点

CG-2 钢是在 6W6Mo5Cr4V(M2)高速钢基体的基础上适当增加 Mo、降低 W 含量研制的新型冷、热兼用型基体钢,化学成分见表 4.30。加入 2% 的镍可提高基体的强度和韧性,其室温及高温强度、热稳定性均高于 3Cr2W8V 钢,耐热疲劳性也较好,但高温冲击韧度与塑性低于 3Cr2W8V 钢。用于制作轴承套圈热挤压凸模及凹模,凸模寿命为 3Cr2W8V 钢凸模的 2~3 倍。

表 4.30　6Cr4Mo3Ni2WV(CG-2)钢的化学成分(质量分数)

化学成分(ω,%)							
C	Cr	Mo	W	V	Ni	Si、Mn	P、S
0.55~0.64	3.8~4.3	2.8~3.3	0.9~1.3	0.9~1.3	1.8~2.2	≤0.4	≤0.03

6Cr4Mo3Ni2WV(CG-2)钢热处理工艺:

① 退火

采取等温球化退火。加热温度 810 ℃,等温温度 670 ℃,炉冷到 400 ℃ 以下出炉空冷。退火硬度 220~240HBS。

② 淬火及回火

淬火加热温度 1 100 ℃~1 130 ℃,油冷;630 ℃回火 2 次,回火硬度 51~53HRC(用作冷作模具时,回火温度 540 ℃,回火 2 次,硬度 59~62HRC)。

4.4Cr3Mo3W4VNb(GR)钢

（1）主要性能特点

4Cr3Mo3W4VNb(GR)钢属钨钼系热作模具钢,化学成分见表 4.31。

表 4.31　4Cr3Mo3W4VNb(GR)钢的化学成分(质量分数)

化学成分(ω,%)							
C	Cr	Mo	W	V	Nb	Si、Mn	P、S
0.37~0.47	2.5~3.5	2.0~3.0	3.5~4.5	1.0~1.4	0.10~0.20	≤0.5	≤0.03

　　钢中加入少量的铌是为了提高钢的回火抗力和热强性。其屈服强度和热稳定性、冷热疲劳抗力和高温抗压强度、耐磨性明显高于 3Cr2W8V 钢。淬透性、冷热加工性均较好,但韧性较差。GR 钢的室温及高温力学性能见表 4.32。GR 钢应用在齿轮高速锻模、精密锻模、轴承套圈热挤压模、自行车零件及螺母热镦锻模、小型机锻模、辊锻模等方面,效果显著。与 3Cr2W8V 钢对比,使用寿命均提高数倍至数十倍。

表 4.32　4Cr3Mo3W4VNb 钢的室温及高温力学性能

试验温度/℃	硬度/HRC	σ_b/MPa	σ_s/MPa	δ_5/%	ψ/%	α_k/(J/cm²)
室温	52	1 880	1 500	6.7	20	16
600	—	1 440	1 160	1.25	3.0	23
650	—	1 220	1 030	2.0	3.0	26
750	—	675	580	3.75	18.0	110

(2)热处理工艺

① 退火

等温退火加热温度850 ℃,等温温度720 ℃,冷到550 ℃以下出炉空冷。

② 淬火、回火

淬火温度 1 160 ℃~1 200 ℃,若要求高韧性及塑性,则选用较低淬火温度;若要求高的高温强度及回火稳定性,则选用较高淬火温度。630 ℃、600 ℃两次回火;若为复杂形状的大型模具,可采用三次回火,回火后硬度为 50~54HRC。

5.4Cr3Mo2NiVNbB(HD)钢

热挤压黑色金属及铜等有色金属合金的热作模具,其工作温度可达 700 ℃左右,采用 3Cr2W8V 钢及 H13 钢等制作的热挤压模,其耐磨性与冷热疲劳抗力已不能满足要求,HD 钢就是为适应 700 ℃左右温度工作而研制的新型热作模具钢。其化学成分见表 4.33 所示。

表 4.33　HD 钢的化学成分

化学成分(ω,%)									
C	Cr	Mn	Si	Mo	W	V	Ni	Nb	P、S
0.35~0.45	2.5~3.0	≤0.4	≤0.35	1.8~2.2	0.9~1.3	1.0~1.4	0.8~1.2	0.1~0.25	≤0.03

(1)主要性能特点

HD 钢具有高的高温强度和高的热稳定性。在相同硬度条件下,HD 钢比 3Cr2W8V 钢断裂韧度高 50%,700 ℃高温短时抗拉强度高 70%。冷热疲劳抗力和热磨损性能分别高出一倍和 50%。其高温力学性能对比见表 4.34。HD 钢应用于钢质药筒热挤压凸模、铜合金管材挤压底模,热挤压轴承环凸模与凹模、汽门挤压底模等模具,其使用寿命均比 3Cr2W8V 钢提高 1~2 倍。

表 4.34　HD 钢的高温力学性能

试验温度/℃	$\sigma_{0.2}$/MPa		收缩率 ψ/%		伸长率 δ/%		α_k/(J/cm^2)	
	HD	3Cr2W8V	HD	3Cr2W8V	HD	3Cr2W8V	HD	3Cr2W8V
650	536.9	414	66.1	49.1	16.3	14.0	56/44	
700	405.3	235	69.3	85.4	17.6	21.8	75/40	62/38

注:分母是硬度值。

（2）热处理工艺

① 退火

加热温度 850 ℃,保温后炉冷到 550 ℃以下出炉空冷。

② 淬火与回火

淬火加热温度为 1 130 ℃,回火温度 650 ℃~700 ℃。回火温度与硬度的关系见表 4.35。由表可见,回火温度越高,HD 钢比 3Cr2W8V 钢硬度值越高,说明 HD 钢热稳定性高。

表 4.35　不同温度回火时的硬度值(HRC)(淬火加热温度 1 130 ℃)

回火温度/℃	300	400	500	530	560	590	620	650	700
HD	52.5	52.0	52.5	53.5	54.0	53.8	51.2	47.0	41.0
3Cr2W8V	51.0	51.0	51.4	52.3	51.5	51.8	50.0	46.0	34.0

四、其他热作模具材料

1. 热冲裁模用钢

热冲裁模主要有热切边模和热冲孔模等,其工作温度较低,因此,对材料的性能要求也相对较宽。除了应具有高的耐磨性、良好的强韧性以及加工工艺性能外,几乎所有的热作模具钢均能满足热冲裁模的工作条件要求,推荐使用的钢种有 5CrNiMo、4Cr5MoSiV、4Cr5MoSiV1 和 8Cr3、7Cr3 等,其中 8Cr3 钢应用较多。热冲裁模材料选用举例及其要求的硬度见表 4.36。

表 4.36　热冲裁模的材料选用举例及其要求的硬度

模具类型及零件名称		推荐选用的材料牌号	可代用的材料牌号	要求的硬度	
				硬度/HB	硬度/HRC
热切边摸	凸模	8Cr3,4Cr5MoSiV 5Cr4W5Mo2V	5CrMnMo,5CrNiMo, 5CrMnSimoV	—	35~40
	凹模			—	43~45
热冲孔模	凸模	8Cr3	3Cr2W8V,6CrW2Si	368~415	—
	凹模		—	321~368	—

8Cr3 钢具有较高的耐磨性,较好的耐热性和一定的韧性,化学成分见表 4.37。在生产中 8Cr3 钢制凹模的硬度为 43~45HRC。如被冲材料为耐热钢或高温合金,其硬度还应增高,但不宜超过 50HRC。凸模的硬度在 35~45HRC 之间。

表 4.37　8Cr3 钢的化学成分

元素名称	C	Si	Mn	Cr	P	S
质量分数/%	0.75～0.85	≤0.40	≤0.40	3.20～3.80	≤0.030	≤0.030

8Cr3 钢锻后必须进行退火,退火工艺一般为 790 ℃～810 ℃加热,保温 2～3 h,出炉空冷至 700 ℃～720 ℃后再入炉等温 3～4 h,炉冷至 600 ℃出炉空冷。退火后的硬度一般小于或等于 241HBS。8Cr3 钢制热冲裁模的淬火温度为 820 ℃～840 ℃,淬火冷却在油中进行。为避免开裂及变形,在入油前可在空气中预冷至 780 ℃。在油中冷却到 150 ℃～200 ℃时出油,并立即进行回火。模具的回火温度根据其工作硬度而定,8Cr3 钢经 480 ℃～520 ℃回火后,硬度为 41～45HRC。8Cr3 钢的回火温度不应低于 460 ℃,低于此温度回火,韧性太低。

2. 奥氏体热作模具钢

随着工业技术的日益发展,对模具工作温度的要求也越来越高。因马氏体型热作模具钢在 650 ℃以上会发生碳化物的聚集长大,致使硬度、强度降低,因此为保证模具在 750 ℃以上能耐高温、耐腐蚀、抗氧化,需采用奥氏体型热作模具钢。目前应用最多的有铬镍系奥氏体钢和高锰系奥氏体钢两大类。

(1)高锰系奥氏体钢:此钢又分为高锰系奥氏体模具钢和高锰奥氏体无磁模具钢。

① 高锰系奥氏体模具钢:5Mn15Cr8Ni5Mo3V2 和 7Mn10Cr8NilOMo3V2 是高锰系奥氏钢,在加热和冷却过程中不发生相变,始终保持奥氏体组织,经 1 150～1 180 ℃固溶处理和700 ℃时效后具有较好的综合力学性能,硬度为 45～46HRC,但时效软化抗力很高,直到 800℃时效,硬度仍能保持在 42HRC 左右,远远超过 3C2W8V 钢,其热处理工艺与室温力学性能如表 4.38 所示。

表 4.38　奥氏体钢室温力学性能

钢号	热处理工艺	硬度 HRC	抗拉强度 σ_b/MPa	断面收缩率 ψ/%	冲击韧度 α_k/(J/cm²)
5Mn15CrNi5Mo3V2	1180 ℃固溶＋700 ℃4h 时效	45.6	1 384	32.8	35
7Mn10Cr8NilOMo3V2	1150 ℃固溶＋700 ℃,6h 时效	44.5	1 310	27.1	20
3Cr2W8V	1100 ℃油淬＋580 ℃回火	49	1 650	37.0	28

高锰奥氏体耐热模具钢主要用于制造工作应力较高、使用温度达 700 ℃ ℃～800 ℃的高温热作模具,如不锈钢、高温合金、铜合金的挤压模,模具寿命比 3Cr2W8V 钢制模具提高 4～5倍。实际应用中应先将模具预热到 400 ℃～450 ℃,由于这类钢的塑性、韧性不高,故实际应用受到限制。

② 高锰奥氏体无磁模具钢:7Mn15Cr2A13V2WMo(7Mn15)钢是一种高 Mn-V 系的无磁模具钢,7Mn15 钢在任何状态下都能保持稳定的奥氏体组织,除可制作冷作模具、无磁轴承及要求在强磁场中不产生磁感应的结构件外,因其在高温下还具有较高的强度和硬度,因此也用来制作 700 ℃～800 ℃下使用的热作模具。7Mn15 钢常用的热处理工艺为:1 180 ℃加热水淬,700 ℃回火空冷。

(2)铬镍系奥氏体模具钢 4Cr14Ni14W2Mo、Cr14Ni25Co2V 钢属于铬镍系奥氏体钢,在700 ℃以下具有良好的热强性,在 800 ℃以下有良好的抗氧化性及耐蚀性。如4Cr14Ni14W2Mo 钢在 800 ℃时仍有 250 MPa 的强度,且有很好的塑性与韧性。该类钢可进

行 1 150 ℃～1 180 ℃或 1 050 ℃～1 150 ℃的固溶处理,再作 750 ℃的时效处理,适合制造铁
合金蠕变成形模具和具有强烈腐蚀性的玻璃成形模具。

3. 硬质合金

由于硬质合金具有很高的热硬性和耐磨性,还有良好的热稳定性、抗氧化性和耐腐蚀性,
因而可用于制造某些热作模具。钨钴类硬质合金(通常制成镶块)可用于热切边凹模、压铸模、
工作温度较高的热挤压凸模或凹模等。例如气阀挺杆热镦模,原采用 3Cr2W8V 钢制作,热处
理后的硬度为 49～52HRC,使用寿命为 5 000 次,后在模具工作部分采用 YG20 硬质合金镶
块,模具寿命延长到 15 万次。应用于热作模具的还有奥氏体不锈钢钢结硬质合金和高碳高铬
合金钢钢结硬质合金等。例如 ST60 钢结合金制热挤压模在 960 ℃左右挤压纯铜时,其使用
寿命比 YG15 高得多。ST60 钢结合金还用于热冲孔模、热平锻模等。R5 钢结合金等也可用
于热挤压模。

4. 高温合金

高温合金的种类很多,有铁基、镍基、钴基合金等,其工作温度高达 650 ℃～1 000 ℃,可
用来制造黄铜、钛及镍合金以及某些钢铁材料的热挤压模具。当模具本身的温度上升到
650 ℃以上的高温状态时,一般的热作模具钢都会软化而损坏,但这些高温合金仍能保持高的
强度和硬度,表 4.39 是几种常用高温合金的牌号和化学成分。A-286 合金经热处理后可被有
效硬化,常用于热挤压黄铜的模具,其使用寿命可达铬系热作模具钢的两倍。常用镍基高温合
金的工作温度可达 800 ℃～1 000 ℃,其中以尼莫尼克 100 号热强性最高,在 900 ℃时持久强
度仍有 150MPa,可用于制作挤压耐热钢零件或挤压铜管的凹模及芯棒。钴基高温合金在 1
000 ℃以上可保持很高的强度和抗氧化能力。S-816 合金经固溶处理和时效后,具有比镍基高
温合金更好的耐热疲劳抗力,故用于热挤压模可获得较高的使用寿命。

表 4.39　几种常用高温合金的牌号和化学成分

种类	牌号	化学成分(ω,%)										
		C	Si	Mn	Cr	Mo	Ti	Al	Ni	Co	Fe	其他
铁基	A-286	0.05	0.5	1.35	15	1.25	2.0	0.2	26			V:0.3
镍基	Waspaloy	0.08			19	4.4	3.0	1.3		13.5		Zr0.08 B:0.008
镍基	EX	0.05	0.2	0.2	14	6.0	3.0	1.2		4.0	28.85	
钴基	S-816	0.38			20	4			20			W:4 Cd:4

5. 难熔金属合金

通常将熔点在 1 700 ℃以上的金属称为难熔金属,其中如钨、钼、钽、铌的熔点在 2 600 ℃
以上,其再结晶温度高于 1 000 ℃,可长时间在 1 000 ℃以上工作。在热作模具制造中应用的
主要是钼基合金和钨基合金,其中,钼基合金 TZM 和钨基合金 Anviloy1150 尤其受到关注。
TZM 合金和 Anviloy1150 合金的化学成分见表 4.40、表 4.41。

表 4.40　TZM 合金的化学成分

元素名称	Mo	Ti	Zr	C
质量分数/%	＞99	0.50	≤0.08	0.03

表 4.41　Anviloy1150 合金的化学成分

元素名称	W	Ni	Nb
质量分数/%	95	3.5	1.5

　　这类材料的特点是熔点很高,高温强度较高,耐热性和耐蚀性好,有优良的导热、导电性能、膨胀系数小,耐热疲劳性好,不黏合融熔金属,塑性比较好,便于加工成形。其缺点是在500 ℃以上易氧化,在再结晶温度以上将发生脆化,而且价格昂贵。相比之下,钼基合金的热强度和持久强度较高,热导性好、热膨胀小,因此几乎不引起热裂。TZM 合金的塑性较好,便于成形加工,室温脆性也较钨基合金小,但其抗变形能力有限,且力学性能的各向异性十分明显。钼基合金做压铸模具用得比较成功,主要用于铜合金、钢铁材料的压铸模,也可用作钛合金、耐热钢的热挤压模等,其使用寿命远高于其他各种热作模具钢。

　　6. 压铸模用铜合金

　　钢铁材料压铸时,高温金属液体(1 450 ℃～1 580 ℃)迅速压入模腔,致使模腔最高工作温度可达 1 000 ℃以上,形成瞬时很高的温度梯度。铜合金因导热性好,能将压铸件的热量很快散发出去,使模具的温升和内部的温度梯度大为降低。采用铜合金制作的压铸模,其表面接触温度可降低到 600 ℃,从而降低了模具的应变和应力,使其强度足以承受压铸时的压力,同时也减轻了热疲劳作用,收到满意的效果。

　　用于压铸模的铜合金有铍青铜合金、铬锆钒铜合金和铬锆镁铜合金。这些铜合金的热处理工艺为固溶处理加时效。用这些铜合金制作的钢铁件的压铸模,其使用寿命常常远高于各种热作模具钢。

任务三　热作模具材料及热处理选用

一、热作模具材料的选用

　　同一模具可用多种材料制作,同一种材料亦可制作多种模具。热作模具材料的选用,应充分考虑模具工作中的受力、受热、冷却情况以及模具的尺寸大小、成形件的材质、生产批量等因素对模具寿命的影响,还要考虑模具的特点与热处理的关系,同时应符合加工工艺性与经济性要求。

　　1. 热锻模材料的选用

　　热锻模是在高温下通过冲击力或压力使炽热的金属坯料成形的模具,包括锤锻模、压力机锻模、热镦模、精锻模和高速锻模等。其中锤锻模最具代表性。

　　(1)锤锻模材料的选用

　　锤锻模是在模锻锤上使用的热作模具,工作时不仅要承受冲击力和摩擦力的作用,还要承受很大的压应力、拉应力和弯曲应力的作用;模具型腔与高温金属坯料(钢铁坯料约1 000 ℃～1 200 ℃)相接触并强烈摩擦,使模具本身温度升高。锻造钢件时,模具型腔的瞬时温度可高达 600 ℃以上。如此的高温会造成模具材料的塑性变形抗力和耐磨性下降,同时也会造成模具型腔壁的塌陷及加剧磨损等;锻完一个零件后还要用水、油或压缩空气进行冷却,从而对模具产生急冷急热作用,使模具表面产生较大的热应力及热疲劳裂纹;锤锻模在机械载荷与热载荷的共同作用下,会在其型腔表面形成复杂的磨损过程,其中包括黏着磨损、热疲劳磨损、氧化磨损等。另外,当锻件的氧化皮未清除或未很好清除时,也会产生磨粒磨损。

锤锻模模块尾部呈燕尾状,易引起应力集中。因而在燕尾的凹槽底部,容易产生裂纹,造成燕尾开裂。

锤锻模的主要失效形式有:磨损失效、断裂失效、热疲劳开裂失效及塑性变形失效等。所以对锤锻模材料的性能要求是高的冲击韧度和断裂韧度、高的热硬性与热强性、高的淬透性与回火稳定性、高的冷热疲劳抗力以延缓疲劳裂纹的产生、良好的导热性及加工工艺性能。

目前我国锤锻模用钢主要有 5CrNiMo、5CrMnMo、4CrMnSiMoV、3Cr2MoWVNi、5Cr2NiMoVSi 及 45Cr2NiMoVSi;重型机械厂或钢厂生产的其他锻模钢有 5CrNiTi、4SiMnMoV 及 5SiMnMoV、5CrNiW、5CrNiMoV 等;国外进口锻模钢有 55CrNiMoV6 等。

机械压力机模块用钢有 4Cr5MoSiV1、4Cr5MoSiV、4Cr3W2VSi、3Cr3Mo3W2V、5Cr4W5Mo2V;应用较好的其他钢号有 4Cr3Mo3W4VNb、2Cr3Mo3VNb、2Cr3Mo2NiVSi;国外进口锻模钢有:YHD3 等。

在选择锤锻模材料和确定其工作硬度时,主要根据锤锻模的种类、大小、形状复杂程度、生产批量要求以及受力和受热等情况来决定。表 4.42 列举了锤锻模材料选用举例及硬度要求,以供参考。

表 4.42 锤锻模材料选用举例及硬度要求

锤锻模种类	工作条件	推荐选用的材料牌号		热处理后要求的硬度			
				模腔表面		燕尾部分	
		简单	复杂	硬度/HB	硬度/HRC	硬度/HB	硬度/HRC
整体锤锻模或嵌镶模块	小型锤锻模(高度<275 mm)	5CrMnMo、5SiMnMoV	4Cr5MoSiV、4Cr5MoSiV1、4Cr5W2VSi	387～444[①] 364～415[②]	42～47[①] 39～44[②]	321～364[①]	35～39
	中型锤锻模(高度 275～325 mm)			364～415[①] 340～387[②]	39～44[①] 37～42[②]	302～340 32～37	
	大型锤锻模(高度 323～375mm)	4CrMnSiMoV、5CrNiMo、5Cr2NiMoVSi		321～364	35～39	286～321	30～35
	特型锤锻模(高度 375～500 mm)			302～340	32～37	269～321	28～35
嵌镶模块、模体	高度 375～500 mm	ZG50Cr 或 ZG40Cr		—	—	269～321	28～35
堆焊锻模	模体 高度 375～500 mm	ZG45Mn2		—	—	269～321	28～35
	堆焊材料 高度 375～500 mm	5Cr4Mo、5Cr2MnMo		302～340	32～37	—	—

注:① 用于型腔浅而形状简单的锤锻模。
② 用于型腔深而形状复杂的锤锻模。

(2)其他热锻模材料的选用

其他热锻模主要是指热镦模、精锻模和高速锻模。这类模具的工作条件比一般锤锻模更恶劣,而与热挤压模相接近。工作时,受热温度更高,受热时间更长,工作负荷更大,所以这类模具用钢与热挤压模用钢相同。表 4.43 是其他类型的热锻模材料选用举例及硬度要求,以供参考。

表 4.43　其他类型热锻模材料选用举例及硬度要求

锻模类型或零件名称		推荐选用的材料牌号	可代用的材料牌号	要求的硬度值	
				HB	HRC
摩擦压力机锻模	凸模镶块	4Cr5W2VSi、3Cr3Mo3V、3Cr3Mo3W2V、4Cr5MoSiV、3Cr2W8V	5CrMnMo、5CrMnSiMoV、5CrNiMo	390～490	
	凹模镶块			390～440	
	凸、凹模镶块模体	40Cr	45	349～390	
	整体凸、凹模	5CrMnMo、5SiMnMoV	8Cr3	369～422	
	上、下压紧圈	45	40、35	349～390	
	上、下垫板和顶杆	T7	T8	369～422	
热模锻压力机锻模	终锻模腔镶块	5CrMnSiMoV、5CrNiMo、3Cr3Mo3V、4Cr5W2VSi、4Cr5MoSiV、4Cr3W4Mo2VTiNb	5CrMnMo、5SiMnMoV	368～415	
	顶锻模腔镶块			352～388	
	锻件顶杆	4Cr5W2VSi、4Cr5MoSiV、3Cr2W8V	GCr15	477～555	
	顶出板、顶杆	45	40Cr	368～415	
	垫板			444～514	
	镶块固紧零件	45、40Cr	40Cr	341～388、368～415	
精密锻造或高速锤锻模（整体模或镶块组合模）		4Cr5W2VSi、4Cr5MoSiV、4Cr5MoSiV1、3Cr2W8V、5CrNiMo、4Cr3W4Mo2VTiNb	3Cr2W8V、5CrNiMo、5CrMnSiMoV		45～54
热校正模		8Cr3	5CrMnMo、5CrMnSiMoV	368～415	
冷校正模		Cr12MoV	T10A		55～60
平面精压模		Cr12MoV、T10A	Cr12		51～58
整体精压模		4Cr5W2VSi、3Cr2W8V	5CrMnMo		52～58

2. 热挤压模材料的选用

热挤压模是使被加热的金属在高温压应力状态下成型的一种模具。挤压时凸模承受巨大的压力，且由于金属坯料的偏斜等原因，使模具还承受很大的附加弯矩，脱模时还要承受一定的拉应力；凹模型腔表面承受变形坯料很大的接触压力，沿模壁存在很大的切向拉应力，而且大都分布不均匀，再加上热应力的作用，使凹模的受力极为复杂。另一方面，模具与炽热金属坯料接触时间较长，受热温度比锤锻模高，在挤压铜合金和结构钢时，模具的型腔工作温度高达 600 ℃～800 ℃，若挤压不锈钢或耐热钢坯料，模具型腔温度会更高。其次，为防止模具的温度升高，工件脱模后，每次用润滑剂和冷却介质涂抹模具的工作表面，而使挤压模具经常受到急冷、急热的交替作用。

热挤压模的失效形式主要有断裂失效、冷热疲劳失效、模腔过量塑性变形失效、磨损失效以及模具型腔表面的氧化失效等。因此，热挤压模材料应具有：

①高强度、冲击韧度及断裂韧度，以保证模具钢具有较高的断裂抗力，防止模具发生脆性断裂；

②室温及高温硬度高，耐磨性能好，以减缓模具的磨损失效发生；

③高温强度及回火抗力高，拉伸及压缩屈服点高，防止模具产生塑性变形及堆塌；

④模具钢的相变点及高温强度高，并具有高的导热性及较低的热胀系数，有利于热疲劳抗力的提高，推迟热疲劳开裂的发生；

⑤较高的抗氧化能力,以减少氧化物对磨损及热疲劳的不利影响。

常用热挤压模具钢有 3Cr2W8V、4Cr5MoSiVl,应用较多的标准钢号有 3Cr3Mo3W2V(HMl)、5Cr4W5Mo2V(RM2)、5Cr4Mo3SiMnVA1(012A1)、4Cr5MoSiV、4Cr5W2VSi 等。应用较多的其他钢号有 4Cr3Mo3W4VTiNb(GR)、3Cr3Mo3VNb、6Cr4Mo3Ni2WV(CG2)等。

在特殊情况下,有时应用奥氏体型耐热钢、镍基合金以及硬质合金和钢结硬质合金等。

选择热挤压模具材料时,主要应根据被挤压金属的种类及其挤压温度来决定,其次也应考虑到挤压比、挤压速度和润滑条件等因素对模具使用寿命的影响。热挤压模具的选材可参照表 4.44。

表 4.44　热挤压模具的材料选用及硬度要求

模具及零件名称		被挤金属 钢、钛及镍合金(挤压温度 1 100 ℃～1 260 ℃)	铜及铜合金(挤压温度 650 ℃～1 000 ℃)	铝、镁及其合金(挤压温度 350 ℃～510 ℃)	铅、锌及其合金(挤压温度 <100 ℃)
挤压模	凹模(整体模块或嵌镶模块)	4Cr5MoSiV1、3Cr2W8V、4Cr5W2VSi、4Cr4Mo2WVSi、5Cr4W5Mo2V、4Cr3W4Mo2VTiNb、高温合金 43～51HRC[①]	4Cr5MoSiV1、3Cr2W8V、4Cr5W2VSi、4Cr4Mo2WVSi、5Cr4W5Mo2V、4Cr3W4Mo2VTiNb、高温合金 40～48HRC[①]	4Cr5MoSiV1、4Cr5W2VSi 46～50HRC[①]	45 16～20HRC
	模垫	4Cr5MoSiV1、4Cr5W2VSi 42～46HRC	5CrMnMo、4Cr5MoSiV1、4Cr5W2VSi 45～48HRC	5CrMnMo、4Cr5MoSiV1、4Cr5W2VSi 48～52HRC	不用
	模座	4Cr5MoSiV、4Cr5MoSiV1 42～46HRC	5CrMnMo、4Cr5MoSiV 42～46HRC	5CrMnMo、4Cr5MoSiV 44～50HRC	不用
挤压筒	内衬套	4Cr5MoSiV1、3Cr2W8V、4Cr5W2VSi、4Cr4Mo2WVSi、5Cr4W5Mo2V、4Cr3W4Mo2VTiNb、高温合金 400～475HBS	4Cr5MoSiV1、3Cr2W8V、4Cr5W2VSi、4Cr4Mo2WVSi、5Cr4W5Mo2V、4Cr3W4Mo2VTiNb、高温合金 400～475HBS	4Cr5MoSiV1、4Cr5W2VSi、 400～475HBS	不用
	外套筒	5CrMnMo、4Cr5MoSiV 300～350HBS			T10A(退火)
挤压垫		4Cr5MoSiV1、4Cr5W2VSi、3Cr2W8V、4Cr4Mo2WVSi、5Cr4W5Mo2V、4Cr3W4Mo2VTiNb、高温合金 40～44HRC		4Cr5MoSiV1、4Cr5W2VSi 44～48HRC	不用
挤压杆		5CrMnMo、4Cr5MoSiV、4Cr5MoSiV1、450～500HBS			5CrMnMo、450～500HBS
挤压芯棒(挤压管材用)		4Cr5MoSiV1、3Cr2W8V、4Cr5W2VSi 42～50HRC	4Cr5MoSiV1、4Cr5W2VSi、3Cr2W8V 40～48HRC	4Cr5MoSiV1、4Cr5W2VSi 48～52HRC	45 16～20HRC

注:① 对于复杂形状的模具,硬度比表中值应低 4～5HRC。

3. 压铸模材料的选用

压铸生产可以将熔化的金属液直接压铸成各种结构复杂、尺寸精确、表面光洁、组织致密以及用其他方法难以加工的零件,如薄壁、小孔、凸缘、花纹、齿轮、螺纹、字体以及镶衬组合等零件。近年来,压铸成形已广泛应用于汽车、拖拉机、仪器仪表、航海航空、电机制造、日用五金等行业。

压铸模是在高的压应力(30~150 MPa)下将 400 ℃~1 600 ℃的熔融金属压铸成形用的模具,根据被压铸材料的性质,压铸模可分为锌合金压铸模、铝合金压铸模、铜合金压铸模。压铸成形过程中,模具周期性地与炽热的金属接触,反复经受加热和冷却作用,且受到高速喷入的金属液的冲刷和腐蚀。因此,要求压铸模材料具有较高的热疲劳抗力、良好的抗氧化性和耐腐蚀性、高的导热性和耐热性、良好的高温力学性能和耐磨性、高的淬透性等。

常用的压铸模用钢以钨系、铬系、铬钼系和铬钨钼系热作模具钢为主;也有一些其他的合金工具钢或合金结构钢,用于工作温度较低的压铸模,如 40Cr、30CrMnSi、4CrSi、4CrW2Si、5CrW2Si、5CrNiMo、5CrMnMo、4Cr5MoSiV、4Cr5MoSiV1、3Cr2W8V、3Cr3Mo3W2V 等。其中 3Cr2W8V 钢是制造压铸模的典型钢种,常用于制造压铸铝合金和铜合金的压铸模;与其性能和用途相类似的还有 3Cr3Mo3W2V 钢。

由于压铸金属材料不同,它们的熔点、压铸温度、模具工作温度和硬度要求各不相同,故用于不同材料的压铸模其工作条件的苛刻程度和使用寿命有很大区别,压铸金属的压铸温度越高,压铸模的磨损和损坏就越快。因此,在选择压铸模材料时,首先要根据压铸金属的种类及其压铸温度的高低来决定;其次还要考虑生产批量大小和压铸件的形状、重量以及精度要求等。

(1)锌合金压铸模

锌合金的熔点为 400 ℃~430 ℃,锌合金压铸模型腔的表层温度不会超过 400 ℃。由于工作温度低,除常用模具钢外,也可以采用合金结构钢 40Cr、30CrMnSi、40CrMo 等淬火后中温(400 ℃~430 ℃)回火处理,模具寿命可达 20 万~30 万次/模;甚至可采用低碳钢经中温氮碳共渗、淬火、低温回火处理,使用效果也很好。常用的模具钢有 5CrNiMo、4Cr5MoSiV、4Cr5MoSiV1、3Cr2W8V、CrWMn 等,经淬火、400 ℃回火后,寿命可达 100 万次/模。

(2)铝合金压铸模

铝合金压铸模的服役条件较为苛刻,铝合金溶液的温度通常在 650 ℃~700 ℃左右,以 40~180m/s 的速度压入模具型腔。模具型腔表面受到高温高速铝液的反复冲刷,会产生较大的内应力。铝合金压铸模的寿命取决于两个因素,即是否发生黏模和型腔表面是否因热疲劳而出现龟裂。

铝合金压铸模常用钢为 4Cr5MoSiV1(H13)、4Cr5MoSiV(Hll)、3Cr2W8V 及新钢种 4Cr5Mo2MnVSi(Y10)和 3Cr3Mo3VNb(HM-3)等。

(3)铜合金压铸模

铜合金压铸模工作条件极为苛刻,铜液温度通常高达 870 ℃~940 ℃,以 0.3~4.5 m/s 的速度压入铜合金压铸模型腔。由于铜液温度较高,且热导性极好,工件传递给模具的热量多且快,常使模具型腔在极短时间即可升到较高温度,然后又很快降温,产生很大的热应力。这种热应力的反复作用,促使模具型腔表面产生冷热疲劳裂纹,并会造成模具型腔的早期开裂。因此,要求铜合金压铸模材料具有高的热强性、热导性、韧性、塑性,高的抗氧化性、耐金属侵蚀性及良好的加工工艺性能。

国内目前仍大量采用 3Cr2W8V 钢制造铜合金的压铸模具,也有的用铬钼系热作模具钢。近年来,我国研制成功的新型热作模具钢 Y4(4Cr3Mo2MnVNbB),其抗热疲劳性能明显优于 3Cr2W8V 钢;3Cr3Mo3V 钢模具的使用寿命也比 3Cr2W8V 钢模具高。铜合金压铸模可进行离子氮化表面处理,Y4 钢氮化后,表面硬度可达 990 HV,能避免铜合金的黏模现象。

(4)黑色金属压铸模

钢的熔点为 1 450 ℃~1 540 ℃,使钢铁材料压铸模的工作温度高达 1 000 ℃,致使模具型腔表面受到严重的氧化、腐蚀及冲刷,模具寿命很低。模具一般只压铸几十件或几百件即产生严重的塑性变形和网状裂纹而失效。

黑色金属压铸模具材料最常用的仍为 3Cr2W8V 钢,但因该钢的热疲劳抗力差,因此使用寿命很低。目前国内外均趋向于使用高熔点的钼基合金及钨基合金制造铜合金及黑色金属压铸模,其中 TZM 及 Anviloy1150 两种合金受到普遍重视。采用热导性好的合金,如铜合金制造黑色金属压铸模,也收到了满意的效果。使用的铜合金主要有铍青铜合金、铬锆钒铜合金和铬锆镁铜合金等。

压铸模成形部分零件的材料选用举例见表 4.45,供使用时参考。

表 4.45 压铸模成形部分零件的材料选用举例

工作条件	推荐选用的材料		代用材料	要求的硬度/HRC	备 注
	简单工作条件	复杂工作条件			
压铸铅或铅合金 (压铸温度<100 ℃)	45	40Cr	T8A、T10A	16~20	
压铸锌合金 (压铸温度 400 ℃~450 ℃)	4CrW2Si 5CrNiMo	3Cr2W8V、4Cr5MoSiV 4Cr5MoSiV1	4CrSi、 30CrMnSi、 5CrMnMo、 Cr12、TIOA	48~52	分流锥、浇口套、特殊要求的顶杆等可采用 T8A、T10A
压铸铝合金、 镁合金(压铸温度 650 ℃~700 ℃)	4CrW2Si 5CrW2Si 6CrW2Si	3Cr2W8V、4Cr5MoSiV、 4Cr5MoSiV1、 3Cr3Mo3W2V、 4Cr5W2VSi	3Cr13、4Cr13	40~48	
压铸铜合金 (压铸温度 850 ℃~1 000 ℃)	3Cr2W8V、4Cr5MoSiV、4Cr5MoSiV1、 3Cr3Mo3W2V、4Cr5W2Vsi、 3Cr3Mo3Co3V、YG30 硬质合金、TZM 钼 合金、钨基粉末冶金材料			37~45	
压铸钢、铁材料 (压铸温度 1 450 ℃~1 650 ℃)	3Cr2W8V(表面渗铝)、钨基粉末冶金材 料、钼基难熔合金(TZM)、铬锆钒铜合 金、铬锆镁铜合金、钴铍铜合金			42~44	

注:成形部分零件主要包括型腔(整体式或镶块式)、型芯、分流锥、浇口套、特殊要求的顶杆等,型腔、型芯的热处理,也可先调质到 30~35HRC,试模后,进行氮碳共渗至表面硬度≥600HV。

二、热作模具材料的热处理

1. 热作模具材料热处理工序选用

在热作模具材料选定以后,成型加工工艺和热处理加工工序对模具的使用性能和寿命影响很大。常见热作模具成型加工工艺路线如下:

(1)锤锻模的加工工艺路线

下料→锻造→退火→机械粗加工→探伤→成型加工→淬火及回火→钳修→抛光。

形状复杂、机械加工量很大的模块,粗加工以后应进行中间去应力退火以消除机械加工产生的内应力。成型加工可采用仿形铣削进行粗加工,电火花作为精加工。

(2)热挤压模的加工工艺路线

下料→锻造→预先热处理→机械加工→淬火及回火→研磨抛光。

(3)压铸模的加工工艺路线

一般压铸模:下料→锻造→退火→机械粗加工→稳定化处理→精加工成形→淬火及回火→钳工修配→发蓝。

形状复杂、精度要求高的压铸模:下料→锻造→退火→机械粗加工→调质→精加工成形→钳工修配→渗氮(或软氮化)→研磨抛光。

因此必须根据热作模具成型加工工艺与性能要求来确定其热处理工序,热作模具钢热处理工序确定的原则是:

①锻造加工之后安排一次预备热处理,以改善加工工艺性能或为最终热处理做好组织准备。

②为了减少热处理变形,对于位置公差和尺寸公差要求严格的模具,常在机加工之后安排高温回火或调质处理。

③成型加工后进行淬火及回火以获得所要求的使用性能。

④部分模具在最后还安排一次化学热处理,以提高模具型腔表面的性能,从而提高模具的使用寿命。

2. 热作模具材料热处理选用

(1)热锻模的热处理选用

①预备热处理:退火

锤锻模毛坯主要为锻坯,锻后模块内存在较大的内应力和组织不均匀性,必须进行完全退火或等温退火,主要锤锻模具钢的退火工艺见表 4.46。

表 4.46　主要锤锻模具钢的退火工艺

钢号	加热温度/℃	保温时间/h	冷却方式
5CrNiMo	760～780	4～6	随炉冷至 500 ℃,出炉空冷
5CrMnMo	850～870	4～6	
4CrMnSiMoV	840～860	2～4	炉冷至 700 ℃～720 ℃等温 4～6h,再随炉冷至 500 ℃以下出炉空冷
45Cr2NiMoVSi	850～870	3～4	随炉缓冷至 500 ℃出炉空冷

由于含铬、镍的锤锻模具钢易产生白点,往往在常规退火之后再进行一次防白点的退火,其退火温度要比常规退火温度低 200 多摄氏度,但保温时间比常规退火长得多,一般为 20～60 h。

锤锻模因磨损造成尺寸超差,可进行翻新。为了便于进行加工,需翻新的锻模应进行软化处理。软化处理工艺一般采用 650 ℃～690 ℃高温回火或常规退火,如需显现燕尾槽疲劳裂纹和减小再淬火时的畸变和开裂,以常规退火为宜,但应注意对燕尾加以保护,以防氧化脱碳。

模块的退火保温时间应根据模块的尺寸而定,不同尺寸模块退火升温及保温温度、保温时间、冷却方式见表 4.47。

表 4.47 不同尺寸模块的退火工艺规范

锤锻模规格尺寸/ mm×mm×mm	600 ℃～650 ℃ 预热时间/h	升温	保温温度/℃	保温时间/h	冷却方式
250×250×250	2		830～850	4～5	
300×300×300	3		830～850	5～6	
350×350×350	4	随炉 缓慢 升温	830～850	6～7	随炉冷（以 50 ℃/h） 至 500 ℃ 以下出炉 空冷
400×400×400	5		840～860	7～8	
450×450×450	6		840～860	8～9	
500×500×500	7		840～860	9～10	

②最终热处理：淬火与回火

模具具体的热处理工艺应根据失效形式来确定。因磨损失效的模具应考虑提高其热硬性及抗软化能力；脆断失效的模具，则应提高其强韧性。具有珠光体和贝氏体混合组织时，韧性较好。

淬火前的准备工作：模具在淬火前应检查和清除刀痕等加工缺陷。锻模尺寸较大，加热、保温时间较长，为避免氧化、脱碳，应采用保护气氛加热或装箱保护。装箱保护方法如图 4.1 所示。为避免燕尾槽在淬火时开裂，可在圆角处缠上石棉绳，以减小该处淬火时的冷却速度。

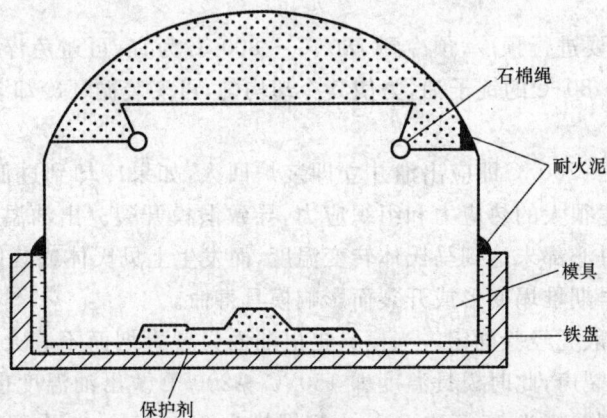

图 4.1 模具装箱保护示意图

装炉量根据设备及锻模大小而定，在两块锻模及锻模与炉壁之间应留有 150～250 mm 的距离。

淬火加热温度及保温时间：锤锻模在淬火加热时，要进行一次或二次预热。锤锻模常规的淬火温度是选在奥氏体晶粒不长大的温度范围，以保证有较高冲击值。表 4.48 为几种主要锤锻模用钢的淬火工艺，在给定的温度下淬火可确保钢中奥氏体晶粒不易长大，并保证钢具有较高的冲击韧度。

近年的研究试验提出，随着淬火温度的提高，钢的组织以板条状马氏体为主，而板条状马氏体比针状马氏体有更高的韧性。同时，随着淬火温度的提高，钢中的碳化物更充分溶解，使钢的一系列性能发生变化。例如随着淬火温度的提高，钢的断裂韧度有所提高，钢的抗回火能力和热稳定性也得到提高；淬火温度提高后，还能推迟热疲劳裂纹的产生；而淬火温度提高后又能使奥氏体晶粒长大，降低钢的冲击韧度；但通过回火温度的调整，能使钢的冲击韧度达到模具所需要求。

表 4.48　锤锻模用钢的淬火工艺与硬度

钢号	淬火温度/℃	淬火介质	硬度/HRC
5CrNiMo	830～860	油	58～60
5CrNiW	840～860	油	55～59
5CrNiTi	830～850	油	53～58
5CrMnMoSiV	870～890		
5SiMnMoV	840～870	油	≥58
4SiMnMoV	890～920	油	59～60
6SiMnMoV	820～860	油	≥56
5CrMnMo	820～850	油	52～58
5Cr2NiMoVSi	940～970	油	60～61

保温时间的计算,是以温度到温(仪表开始断电控制)或观察模具的加热颜色与炉内颜色一致时开始计算。如果模具装箱,则应将装箱厚度作为模具厚度的一部分加以计算,且应选加热系数上限。箱式电阻炉加热系数为 2～3 min/mm,盐浴炉加热系数为 1 min/mm。

淬火冷却:锤锻模的冷却工艺及操作水平是影响模具质量的关键,冷却不当可能导致模具淬火变形及开裂。

锻模淬火入油前要进行预冷,预冷到 780 ℃～800 ℃为宜,可避免淬火变形及开裂倾向。冷却介质采用 30 ℃～80 ℃的锭子油,为使其冷却均匀,可安装循环冷却装置及用搅拌装置对油搅拌。

锻模冷到 150 ℃～200 ℃即应出油并立即装炉回火,如果冷却到过低温度或回火前停留时间过长,则可能产生很大的热应力和组织应力,导致锻模开裂。出油温度也不能太高,如果出油温度过高,则模具心部未达到马氏体转变温度,而发生上贝氏体或其他类型非马氏体组织转变,会导致模具的早期堆塌变形或开裂而影响模具寿命。

模具出油温度一般凭经验确定。当模具提出油面只冒青烟而不着火,如将水滴(或唾液)滴至模面有缓慢的爆裂声,此时模具温度即 150 ℃～200 ℃。出油温度也可根据在油中停留时间来控制,一般小型锻模为 15～20 min,中型锻模为 25～45 min,大型锻模为 50～70 min。模具出油后要尽快回火,不允许冷到室温再回火,否则易开裂。

锻模的回火:回火的目的是为使钢获得稳定的组织,并调整模具钢的硬度使其达到要求,此外,还可降低模块内部淬火产生的内应力。硬度的理想标准是:模具不发生脆断时的最高硬度值。表 4.49 为各类锤锻模的硬度选择范围。

表 4.49　锤锻模的硬度选择范围

模具类型	模面硬度/HRC	燕尾硬度/HRC
小型	42～39	35.0～39.5
中型	42～39	32.5～37.0
大型	40～35	30.5～35.0
特大型	37～34	27.5～35.0

回火温度按模具的工作条件和不发生脆断的最高硬度值确定。表 4.50 为几种锻模钢经

不同温度回火后的硬度值。

表4.50　锤锻模用钢回火温度与硬度的关系

牌号	回火温度/℃	回火硬度/HRC	牌号	回火温度/℃	回火硬度/HRC
5CrMnMo	490～510 520～540 560～580	47～44 42～38 37～34	5CrNiTi	475～485 485～510 600～620	45～41 43～39 37～33
4SiMnMoV	560～590 590～620 630～660	47～42 42～37 37～32	5Cr2NiMoV	500 550 600 650	50.5 49.5 48.7 43.0
5CrMnMoSiV	520～580 580～630 610～650 620～660	49～44 44～41 42～38 40～37	5CrNiW	520～540 530～550 590～610 6700～690	45～41 43～49 37～33 30～25
5SiMnMoV	490～510 600～620	46～40 39～35	6SiMnMoV	490～510 600～620	46～40 39～35

回火保温时间应保证模具心部组织充分转变,回火时间过短,心部硬度偏高,容易产生开裂。

锻模的回火次数一般为1～2次。第二次回火温度应低于第一次回火温度,为防止第二类回火脆性,回火后采用油冷,在100℃左右出油空冷。

燕尾是锻模固定在锤头的部位,直接与锤头接触,其硬度不应高于锤头。燕尾根部存在较大的应力集中,因而硬度也不宜太高。因此,燕尾硬度应低于模具型腔硬度,对燕尾要进行专门的回火。燕尾回火方法有以下几种:

a. 在专用的燕尾回火炉中进行回火:该方法是工厂生产中比较常用的燕尾回火方法,它是将燕尾向下置于电炉、煤炉或盐浴炉的炉槽内加热回火。具体回火温度根据钢种及模具燕尾的硬度要求而定。

b. 燕尾自回火法:这是较广泛采用的一种方法,即将整个锻模在油中冷却到一定温度后,将燕尾提出油面停留一段时间,此时模具心部温度仍较高,燕尾已淬火的部分被心部热量加热而回火。实际操作时如此反复操作3～5次即可。

c. 降低燕尾硬度措施:淬火时,采取降低燕尾冷却速度的措施或对燕尾采取预延迟冷却淬火法,以降低燕尾硬度。

③强韧化处理

为了提高热锻模的使用寿命,生产实践中还开发了一些强韧化处理方法。

a. 高温淬火:5CrNiMo和5CrMnMo钢,按常规加热淬火后,获得片状马氏体和板条状马氏体的混合组织。将其淬火温度分别提高到900℃和950℃,获得的是以板条状马氏体为主的淬火组织,模具具有高的强韧性和断裂韧性,使用寿命明显提高。例如,5CrNiMo钢齿轮锻模,淬火温度由860℃提高到900℃,模具的使用寿命从800件增加到900件。

b. 等温淬火:锻模采用等温淬火工艺,获得下贝氏体组织,使模具有较高的强韧性,模具寿命得到提高。如5CrNiMo钢法兰盘模具,普通淬火,模具寿命为8 500件,经等温淬火,模具寿命为13 000件。

c. 化学热处理:热锻模经渗硼或氮、碳、硼三元共渗处理可以提高模腔的耐磨性和抗黏模性,从而提高了模具寿命。如5CrMnMo钢制刮板运输机连接环锤锻模,经常规热处理后模具寿命为400～1 200件,采用固体渗硼淬火工艺,模具寿命达2 500～4 000件。又如5CrMnMo钢锤锻模,采用如图4.2所示的三元共渗及热处理工艺,模具寿命从普通热处理的3 000～4 000件提高到6 000～8 000件。

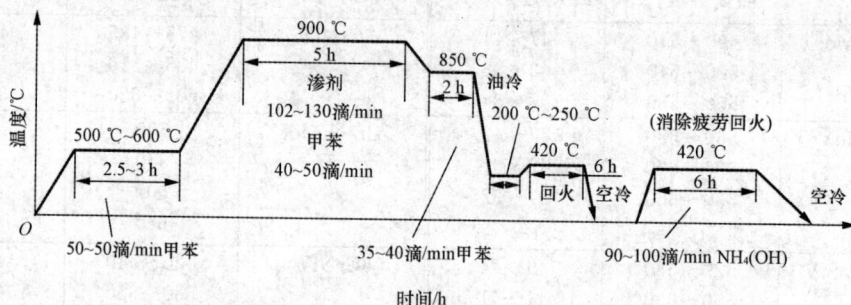

图4.2　5CrMnMo钢锤锻模三元共渗及热处理工艺

(2)热挤压模的热处理选用

热挤压模具用钢要求有高的断裂抗力,抗压及抗拉屈服强度,冲击及断裂韧性,抗回火软化能力及高温强度、室温和高温硬度。此外,还要求有高的导热性、小的热膨胀系数、高的高温相变点和抗氧化能力。

①预备热处理

退火:锻后退火的目的是为了消除应力,降低硬度,改善切削加工性,便于切削加工;同时改善钢的组织,为随后的最终热处理淬火工序做好组织准备。为确保模具钢具有良好的耐磨性、韧性和小的热处理畸变倾向,退火后要十分注意碳化物的形状、大小及分布状态。

热挤压模具的退火工艺主要在于正确地选择退火温度,保持充分的保温时间,并以合适的冷却速度冷却。由于弥散分布的细粒状碳化物对基体组织的割裂作用小,引起的应力集中作用小,钢的韧性好且强度高,故一般希望获得圆而细小的碳化物。热挤压模的退火通常采用等温球化退火工艺。常用热挤压模具钢的退火工艺见表4.51。

表4.51　热挤压模具钢的退火工艺

牌号	退火工艺	退火后硬度/HBS
3Cr2W8V	840 ℃～880 ℃加热,冷至720 ℃～740 ℃等温,炉冷至500 ℃出炉空冷	≤241
5Cr4W5Mo2V(RM2)	870 ℃加热,730 ℃等温,炉冷至500 ℃出炉空冷	197～212
4Cr3Mo3W4VNb(GR)	850 ℃加热,720 ℃等温,炉冷至500 ℃出炉空冷	170～200
3Cr3Mo3W2V(HMl)	870 ℃加热,730 ℃等温,炉冷至500 ℃出炉空冷	197～229
4Cr5MoSiV	860 ℃～890 ℃,炉冷至500 ℃出炉空冷	≤223
4Cr5MoSiV1	860 ℃～890 ℃加热,炉冷至500 ℃出炉空冷	≤223
3Cr3Mo3VNb	900 ℃～860 ℃加热,720 ℃等温,炉冷至500 ℃出炉	181～190
6Cr4Mo3Ni2WV(CG2)	810 ℃加热,670 ℃等温,炉冷至400 ℃出炉	220～240
5Cr4Mo3SiMnVA1(012A1)	860 ℃加热,720 ℃等温,炉冷至500 ℃出炉	
4Cr5W2VSi	860 ℃～880 ℃加热,750 ℃等温,炉冷至500 ℃出炉	≤229
4Cr3Mo2NiVNbB	850 ℃～860 ℃加热,炉冷至500 ℃出炉	190～220

注:表中加热温度仅供参考。

3Cr2W8V、3Cr3Mo3VNb、5Cr4W5Mo2V 等热作模具钢还可采用快速球化退火工艺。其工艺由一次加热油淬和二次加热后随炉冷却两个工序组成。三种钢在快速球化退火后,硬度均可控制在 220HB 以下,球化组织均匀,可完全避免链状碳化物的出现。

锻后正火:中碳高合金、大截面(直径>100 mm)热挤压模具钢锻后易出现明显沿晶网状或链状碳化物,球化退火难以消除,需用正火处理予以消除后再进行球化退火。

高温调质:

a. 高温淬火:将锻后的模具毛坯加热到某一高温(比常规淬火温度偏高),使过剩碳化物充分固溶,然后快速冷却到室温,淬火加热温度可根据不同的钢种而定,如 3Cr3Mo3W2V 钢为 1 200 ℃;

b. 高温回火:既降低硬度,改善切削加工性,又可消除组织遗传,防止最终热处理时晶粒粗大。回火温度一般为 700 ℃~750 ℃。

用高温调质代替球化退火,可使碳化物均匀分布,且形状圆均细小,断裂韧度显著提高,而且还缩短了生产周期。

②最终热处理

淬火:

a. 加热温度:对于热挤压模具钢,选择淬火温度时,主要考虑获得细小的奥氏体晶粒和高的冲击韧度;其次还要考虑模具的工作条件、结构形状,失效形式等对性能的要求。对断裂韧性、抗热疲劳和抗热磨损要求较高及淬火处理后需电加工的模具要采用上限和较高的温度淬火。对要求崎变小、晶粒细、冲击韧性高的模具,应用下限的温度淬火。表 4.52 是部分热挤压模用钢的推荐淬火温度。

表 4.52 热挤压模用钢的推荐淬火温度

牌号	淬火加热温度/℃	淬火介质	淬火后硬度/HRC
3Cr2W8V	1 050~1 100	油	50
5Cr4W5Mo2V(RM2)	1 130~1 140	油	60
4Cr3Mo3W4VNb(GR)	1 160~1 200	油	56~57
3Cr3Mo3W2V(HM1)	1 030~1 090	油	52~55
4Cr5MoSiV	1 000~1 050	油、空	56~58
4Cr5MoSiV1	1 000~1 050	油、空	53~57
3Cr3Mo3VNb	1 060~1 090	油	47~48
6Cr4Mo3Ni2WV(CG2)	1 100~1 040	油	60
5Cr4Mo3SiMnVA1(012A1)	1 090~1 120	油	60
4Cr5W2VSi	1 060~1 080	油、空	56~58
5Cr4W2Mo2VSi	1 100~1 140	油	54~56
4Cr3Mo2NiVNb	1 130	油	54

b. 保温时间:主要考虑要能完成组织转变,使碳及合金元素充分固溶,以保证获得高的回火抗力及热硬性。淬火保温时间(盐浴炉)一般按 0.5~1 min/mm 计算,尺寸越小系数越大。淬火加热保温时间过短,将降低钢的红硬性及抗回火能力。

c. 冷却方式：由于热挤压模具用钢属于中、高合金钢，淬透性好，淬火冷却可采用油冷，对畸变要求较高的模具可采用 80 ℃～150 ℃ 热油淬火、贝氏体等温淬火或马氏体分级淬火。对于要求高强韧性的模具，要采用高的淬冷速度以抑制碳化物的沿晶析出和出现上贝氏体，

提高其强韧性和回火抗力。模具冷到 150 ℃～200 ℃ 即应出油并立即装炉回火，特别是形状复杂的模具。如果冷却到过低温度或回火前停留时间过长，则可能产生很大的热应力和组织应力，导致模具开裂。

回火：

回火温度主要根据模具的硬度要求确定，选择原则是在不影响模具抗脆断及热疲劳能力的前提下，尽可能提高模具的硬度。

热挤压模具的回火次数一般进行 2 次，回火时间可按 3 min/mm 计算，但不应低于 2 h。第二次回火温度比第一次回火温度低 10 ℃～20 ℃。但对 3Cr2W8V 钢的实际应用中发现，先经低温回火，再经高温回火，其冲击韧度比直接高温回火时要高出两倍，模具寿命也相应提高。表 4.53 给出了常用热挤压模具钢的常规热处理工艺。

表 4.53 热挤压模具钢的常规热处理工艺

牌号	淬火工艺与淬火硬度		达到以下硬度的回火温度/℃		
	淬火温度/℃	油淬硬度/HRC	50～55HRC	40～50HRC	40HRC
4Cr5MoSiV	1 000～1 030	50～55	540～560	560～600	640
4Cr5MoSiV1	1 020～1 040	53～55	540～560	560～610	640
4Cr5W2VSi	1 030～1 050	53～56	540～560	560～580	630
4Cr3Mo3SiV	1 010～1 030	50～55	600～620	620～640	
5Cr4W5Mo2V	1 080～1 120	54～58	600～630	630～650	700
3Cr3Mo3VNb	1 060～1 090	48～50		550～600	

化学热处理工艺：

模具型腔表面性能对模具寿命及失效形式影响很大，热挤压模具常采用渗碳、渗氮、氮碳共渗、渗金属及多元共渗等化学热处理工艺方法来改变表面化学成分，提高其表面硬度和耐磨性以及耐热疲劳性，大幅度提高模具寿命。

（3）压铸模的热处理选用

为适应压铸模工作环境，满足其使用性能要求，压铸模热处理具有下列特点：

①预备热处理

a. 去应力退火：压铸模型腔复杂，在粗加工和半精加工时会产生较大的内应力。为了减小淬火变形，在粗加工之后应进行去应力退火（也称稳定处理）。其工艺为：650 ℃～680 ℃ 加热，保温 3～5 h 后，型腔简单的模具可直接出炉空冷。而形状复杂的压铸模需炉冷至 400 ℃ 后出炉空冷。经电火花加工的模具型腔，表面可形成脆性大、显微裂纹多的脆硬铸态组织变质层，模具表面疲劳强度显著下降，对模具寿命影响极大。可通过调整电加工规范来减少和改善脆性，也可用回火后的钳工研磨、抛光方法预以去除。

b. 球化退火：退火目的是降低硬度、改善切削加工性和获得均匀、弥散分布的碳化物以改善钢的强韧性。由于调质处理的效果优于球化退火，所以，强韧性要求高的压铸模，常常用调质代替球化退火。

压铸模的退火还可以采用快速匀细球化退火工艺。该工艺是在远高于传统退火工艺的加热温度下，进行短时加热，快速冷却，以获得少而细的剩余碳化物，然后再第二次加热到适当温度，保温后随炉缓冷，以获得均匀、细小的球状碳化物。快速匀细球化退火工艺见图 4.3。该工艺显著优点是：碳化物颗粒匀细，硬度低，易于切削加工，且退火周期缩短 1/3 以上。

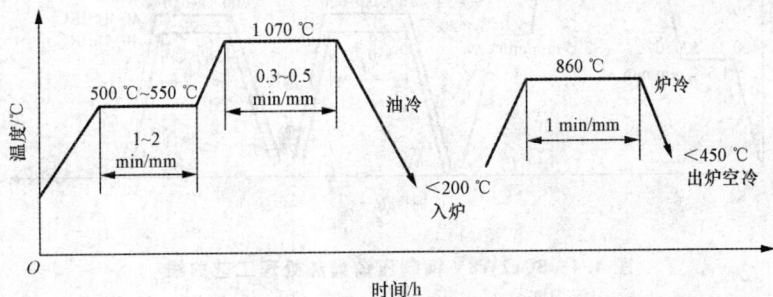

图 4.3 HM3 钢快速匀细球化退火工艺

例如 122 cm 吊扇上下盖的铝合金压铸模在采用了上图所示的快速匀细球化退火的预处理工艺并随后分别进行 1 020 ℃真空加热油淬、570 ℃与 550 ℃两次回火和 590 ℃离子氮碳共渗处理后，心部硬度为 42HRC，表面硬度为 1 037 HV，渗层深为 0.21 mm，模具的使用寿命可达 23 万件以上，且模具表面质量良好，脱模容易，未呈现热疲劳和冲蚀现象。

②最终热处理：淬火和回火

a. 淬火加热：压铸模用钢多为高合金钢，因导热性差，需严格控制淬火加热速度。常采取预热措施以降低表面与心部温差，预热次数的多少，取决于钢的成分和对模具变形量的要求。对于变形量无特殊要求的模具，在不产生开裂的前提下，预热次数可以少些，但变形量要求较小的模具，必须多次预热。较低温度（400 ℃～650 ℃）预热，一般在空气炉中进行，较高温度（800 ℃～850 ℃）预热，应采用盐浴炉，预热时间均可按 1 min/mm 计算。

b. 淬火加热温度：对于典型压铸模用钢来说，高的淬火温度有利于提高钢的高温强度和冷热疲劳抗力，但会引起晶粒长大和碳化物沿晶界分布，使韧性和塑性下降。因此，压铸模要求较高韧性时采用较低温度淬火，而要求较高的高温强度时，则采用较高温度淬火。具体温度可参照各压铸模用钢的推荐温度。

为了获得良好的高温性能，保证碳化物充分地溶解，获得成分均匀的奥氏体，压铸模的淬火保温时间都比较长，一般在盐浴炉中加热，保温系数取 0.8～1.0 min/mm。

c. 淬火冷却：油淬冷却速度快，可获得良好的力学性能，但变形开裂倾向大，只适宜形状简单、变形要求不高的压铸模；而形状复杂、变形要求较小的压铸模宜采用分级淬火。为防止变形、开裂，无论采用哪种冷却方式，都不允许冷到室温，一般应冷到 150 ℃～180 ℃均热一定时间后立即回火，均热时间可按 0.6 min/mm 计算。

d. 回火：压铸模必须充分回火，一般回火 3 次，第一次回火温度选在二次硬化的温度范围，第二次回火温度的选择应使模具达到所要求的硬度，第三次回火温度要低于第二次 10 ℃～20 ℃，回火后均采用油冷或空冷，回火时间不少于 2 h。

3Cr2W8V 钢制压铸模的热处理工艺曲线如图 4.4 所示。

③压铸模的表面处理

为了防止熔融金属黏模、侵蚀，提高压铸模型腔表面的抗氧化性、耐腐蚀性和耐磨性，压铸模常采用表面强化处理。常用的表面强化处理方法有氮化、氮碳共渗、渗铬、渗铝、渗硼、多元

温度/℃

1 050 ℃~1 100 ℃

8~12 s/mm 预冷

860 ℃~850 ℃

12~16 s/mm

830 ℃~850 ℃

600 ℃~620 ℃   600 ℃~620 ℃ 40~44HRC
40~48HRC

400 ℃~500 ℃   560 ℃~620 ℃   560 ℃   560 ℃

1.5~2 min/mm   3~5 min/mm   580 ℃   580 ℃

2 h   2 h

空冷   油冷   油冷

O   时间/h

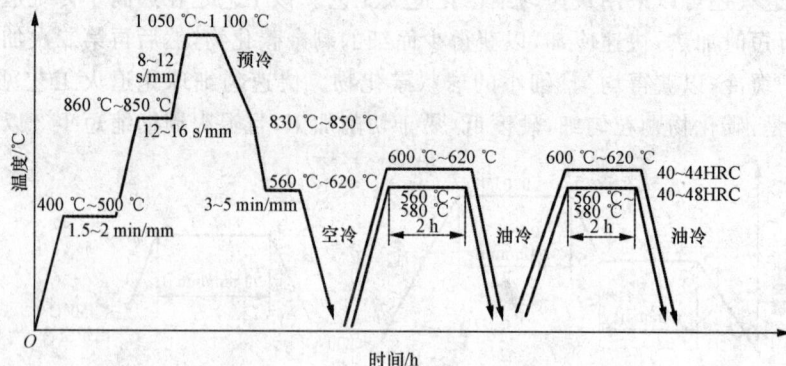

图 4.4 3Cr2W8V 钢制压铸模热处理工艺曲线

共渗等。如 3Cr2W8V 钢制压铸模,压制 T8 钢小型铸件,常规热处理后,模具寿命仅百余件,而经表面渗铝后,由于提高了模具的抗氧化性能,可压铸千余件。

3. 热作模具与热处理选用综合实例

热作模具与热处理选材综合实例见表 4.54。

表 4.54 热作模典型选材、强化处理与使用寿命的关系

模具	材料	原热处理工艺	失效形式与寿命	现热处理工艺	失效形式与寿命
热冲头	3Cr2W8V	1 050 ℃~1 100 ℃淬火,630 ℃回火 2 次,45~47HRC	200~350 件,软化变形和开裂	1 275 ℃加热,300 ℃~320 ℃等温淬火,46~48HRC	1 500~2 200 件不再开裂
热挤压模具	3Cr2W8V	1 050 ℃淬火,620 ℃回火 2 次,45~48HRC	1 200 件,早期开裂	1 200 ℃淬火,680 ℃回火 2 次,40~45HRC	3 300 件,变形与疲劳
热挤压冲头	3Cr2W8V	1 050 ℃淬火,620 ℃回火	200 件,开裂	改用 4Cr3Mo2NiVNb 钢,1 150 ℃淬火,620 ℃回火 2 次,39~42HRC	650~700 件
热冲头	3Cr2W8V	1 100 ℃淬火,600 ℃回火 2 次,47~51HRC	250 件,开裂	1 200 ℃淬火,680 ℃回火,40~45HRC	500 件,变形及磨损
精锻伞齿轮模	3Cr2W8V	常规工艺处理	寿命低,开裂	1 150 ℃和 1 050 ℃两次加热淬火,600 ℃回火 2 次,45~48HRC	500 件
粗锻伞齿轮模	3Cr2W8V	常规工艺处理	2 000 件,齿形堆塌	1 050 ℃加热 400 ℃等温淬火,660 ℃回火二次,渗氮,39~42HRC	>5000 件
半轴摆模	3Cr2W8V	1 075 ℃淬火,600 ℃回火 3 次,49~51HRC	1 200 件,开裂	900 ℃淬火,600 ℃回火 2 次,44~46HRC	>4 000 件
锤锻模	5CrMnMo	860 ℃~880 ℃淬火,燕尾油淬空冷,480 ℃回火,32~35HRC	2 500 件,燕尾开裂	880 ℃加热,450 ℃等温淬火,480 ℃回火	6 000~10 000 件,燕尾不再开裂

续表

模具	材料	原热处理工艺	失效形式与寿命	现热处理工艺	失效形式与寿命
齿轮毛坯半精锻模	5CrMnMo	840 ℃淬火,500 ℃回火,44~47HRC	414 件,热疲劳	改用 H13 钢	1 780 件,热磨损
精锻齿轮模具	4CrMoSiV	48HRC	半轴:715~1 700 件行星:2 530~2 400 件	半轴:改用 5Cr4W5Mo2V 钢,1 140 ℃淬火,600 ℃~610 ℃回火 2 次,49HRC 行星:改用 3Cr3Mo3W2V 钢,1 120 ℃淬火,550 ℃回火 2 次,48HRC	半轴:1 449~3 427 件行星:5 349~5 475 件

☎练一练

1. 简述热作模具的工作条件及性能要求。

2. 热作模具钢是怎样分类的? 写出常用热作模具材料的编号。

3. 热作模具钢的化学成分有什么特点?

4. 常用锤锻模用钢有哪些? 确定锤锻模材料和工作硬度的依据是什么?

5. 热挤压模对材料性能有哪些要求? 常用热挤压模具钢有哪些?

6. 与其他热作模具相比,压铸模的工作条件对材料的性能要求有什么不同?

7. 有哪些铜合金可用于制造压铸模? 与热作模具钢相比有哪些优点?

8. 试述 5CrNiMo 钢热锻模热处理工艺及注意事项。热锻模燕尾的热处理方法有哪些?

9. 热挤压模的预先热处理方法有哪些? 各用于什么场合?

10. 分析 3Cr2W8V 钢压铸模的热处理工艺特点。

11. 热作模具钢的强韧化处理工艺方法有哪些? 并分析其原理。

12. 选择压铸模材料的主要依据有哪些?

项目五　塑料模具材料

　　塑料模具是模塑成形塑料制品的模具。塑料模具成形是将塑料材料在一定的温度和压力作用下,借助于模具使其成为具有一定使用价值塑料制件的过程。常用模具成形的方法有注射、压缩、压注、挤压、吹塑、发泡等。塑料制品广泛用于家用电器及各个生产行业。目前塑料模具材料相当多是沿用传统的结构钢和工具钢,新型的易切削钢、预硬钢、时效硬化钢、耐蚀钢也广泛应用,用于简易塑料模具材料的铝及铝合金、锌基合金、铍铜合金以及环氧树脂等使用逐渐增多。塑料模具材料的使用因塑料制品的材料、结构、形状、成形方法等不同而不同。本章主要介绍塑料模具钢的特征及热处理工艺特点等内容,目的是培养学生正确选择模具材料及加工工艺。

- 任务一　塑料模具材料的性能要求
- 任务二　塑料模具材料及热处理
- 任务三　塑料模具材料及热处理选用

任务一 塑料模具材料的性能要求

塑料模具因为塑料制品材料、结构、尺寸、形状及成形方法等不同,其主要失效形式不一样,其使用性能要求侧重点也不一样。因此,塑料模具材料应具有抗变形、抗断裂、抗咬合、耐磨、耐疲劳、耐腐蚀等使用性能,同时塑料模具结构复杂,为了便于塑料模具制造,塑料模具材料还应有良好的加工工艺性能。

一、塑料模具材料使用性能要求

(1)较高的耐热性

塑料制件高速成型温度在 200 ℃～350 ℃之间,如果塑料流动性不好,成形速度又快,会使模具部分成形表面温度在极短时间内超过 400 ℃。为保证模具在使用时的尺寸稳定性,模具材料应具有较高的耐磨性能,导热性能和低的热膨胀系数。

(2)足够的强度和硬度

塑料注射、压缩、压注、挤压、成形压力很大,需要模具材料有较高的强度和硬度,才能保证塑料模具正常工作而不变形。

(3)良好的耐磨性

塑料中添加玻璃纤维等无机材料时,加重模具磨损,塑料模具材料需较高的耐磨性,才能保证模具具有足够的寿命。

(4)良好的耐蚀性

含氟和氯的塑料在成形过程会放出腐蚀性气体,使模具产生锈蚀,加重模具磨损而失效,故要求模具材料应具有良好的耐蚀性。

(5)热处理变形和开裂倾向小

塑料模具材料在使用过程中尺寸稳定性要好。对高精度的塑料制品,如光学镜片等,模具尺寸只允许微小的变化。

二、塑料模具材料的工艺性能要求

塑料模具材料工艺性能要求,主要包括热加工工艺性能,冷加工工艺性能等。

1. 具有良好的热加工工艺性能

(1)具有良好锻造工艺性能

热锻变形拉力小,塑性好,锻造温度范围宽,锻裂、冷裂及析出网状碳化物倾向小。

(2)具有良好铸造工艺性能

金属铸造流动性要好,收缩性小,避免白口化、麻口化。

(3)具有良好的焊接性能

焊接的接合性能和使用性能要好。

(4)具有良好的热处理加工性能

淬透性、淬硬性、回火稳定性,过热敏感性要好。淬火变形与开裂的倾向小。

(5)具有良好的电加工性

模具材料在电加工过程中有时会出现一般机械加工不会出现的问题。例如,有的模具材料在电火花加工后,表面会留下 $5\sim10\ \mu m$ 深的沟纹,使加工面的粗糙度变大;有些材料线切割时会出现炸裂,产生较深的硬化层,增加抛光的难度,所以模具材料必须要有良好的电加工性能。

2. 具有良好的冷加工工艺性能

(1)具有良好的切削加工工艺性

因为塑料模具型腔的几何形状大多比较复杂,型腔表面质量要求高,难加工部位相当多,所以塑料模具材料应具有良好的切削加工工艺性能。

(2)具有良好的镜面抛光性能

一般塑料模具型腔面的表面粗糙度 R_a 值为 $0.16\sim0.08\ \mu m$,粗糙度低于 $0.4\ \mu m$ 时,可呈镜面光泽,尤其是用于透明塑料制品的模具,对模具材料的镜面抛光性能要求更高。镜面抛光性能不好的材料,在抛光时会形成针眼、空洞和斑痕等缺陷。模具的镜面抛光性能主要与模具材料的纯净度、硬度和显微组织等因素有关。硬度高,晶粒细有利于镜面抛光;硬脆的非金属夹杂物、宏观和微观组织的不均匀性,则会降低镜面抛光性能。因此,镜面抛光性能好的模具钢大多是超洁净钢。

任务二　塑料模具材料及热处理

在我国,目前还没有形成独立的塑料模具钢系列,在实际生产中,用于制造塑料模具的钢材广泛采用传统的结构钢和工具钢,这些钢难以满足塑料模具越来越高的多方面的性能要求。为此,我国研制了一些新型塑料模具钢,并引进了一些在国外已通用的钢种。其分类方法多种多样,一般按照塑料模具用钢特征和使用时热处理状态分类可分渗碳型塑料模具用钢、调质型塑料模具用钢、淬硬型塑料模具用钢、预硬型塑料模具用钢、耐蚀型塑料模具用钢、时效硬化型塑料模具用钢。调质型塑料模具钢已在冷作模具钢、热作模具钢中作了介绍,在此不再重复。各类塑料模具用钢常用钢种见表5.1。

表 5.1　塑料模具钢分类及常用钢种

类　别	牌　种	类　别	牌　种
渗碳型	20, 20Cr, 20Mn, 20CrNiMo, DT1, DT2,0Cr4NiMoV	预硬型	3Cr2Mo,Y20CrNi3ALMnMo(SM2), 5NiSCa,Y55CrNiMnMoV(SM1), 4Cr5MoSiV,8Cr2MnWMoVS(8Cr2S)
调质型	45, 50, 55, 40Cr, 40Mn, 50Mn, S48C, 4Cr5MoSiV,38CrMoALA	耐蚀型	3Cr12, 2Cr13, Cr16Ni4Cu3Nb (PCR), 1Cr18Ni9, 3Cr17Mo, 0Cr17Ni4Cu4Nb(17-4PH)
淬硬型	T7A, T8A, T10A, 5CrNiMo, 9SiCr, 9CrWMn, GCr15,3Cr2W8V,Cr12MoV, 45Cr2NiMoVSi,6CrNiSiMnMoV(GD)	时效硬化型	18Ni140,18Ni170,18Ni210,10Ni3MnCuAL (PMS),18Ni9Co,06Ni16MoVTiAL, 25CrNi3MoAL

一、渗碳型塑料模具钢及热处理

1. 常用渗碳型塑料模具钢的特性

渗碳型塑料模具用钢主要用于冷挤压成形的塑料模,为了便于冷挤压成形,这类钢在退火状态需要高的塑性和低的变形抗力,成形复杂型腔时,其退火硬度≤100HBS,成形浅型腔时,其退火硬度≤160HBS。因此,对这类钢要求有低的或超低的含碳量,同时钢中加入能提高淬透性而固溶强化铁素体效果又小的合金金属，如铬、镍。为了提高模具的耐磨性，这类钢在冷挤压成形后，一般进行渗碳和淬火回火处理，表面硬度可达 $58\sim62HRC$。常用渗碳型塑料模具用钢有 20、20Cr、20Mn、12CrNi3A、20CrNiMo、DT1、DT2、0Cr4NiMoV 等。

2. 常用渗碳型塑料模具钢的热处理工艺

渗碳型塑料模具钢含碳量低，属于低碳塑料模具材料，常应用于冷挤压成形塑料模具。此类钢热处理一般工艺为完全退火（细化晶粒）—正火（改善切削性能）—渗碳（增加表面含碳量）—油淬—低温回火。

完全退火使渗碳型塑料模具材料在加热和冷却中两次相变，从而细化了晶粒，改善材料的塑性和流动性，为冷挤压做准备；正火主要是改善切削加工性能；渗碳目的是增加其表层的含碳量和一定的碳浓度梯度，渗碳层经淬火和低温回火，硬度可以达到 $56\sim64HRC$，心部仍然是低碳成分，具有良好的塑性和韧性。

受冲击大的塑料模具零件，要求表面硬而心部韧，通常采用渗碳钢制造。一般渗碳零件可以采用结构钢类的合金渗碳钢，其热处理工艺与结构零件基本相同。对于表面质量要求很高的塑料模具成形零件，宜采用专门用钢，如 SM3Cr2Mo 钢。

热处理的关键是选择先进的渗碳设备，严格控制工艺过程，不仅仅满足表面硬度，而且还要保证渗碳层的组织要求。塑料模具零件渗碳的一般技术要求如下：

①有效渗碳层深度。压制含有矿物填料的塑料制品时，层深取 $1.3\sim1.5$ mm；压制软性塑料制品时，取 $0.8\sim1.2$ mm；有锐边尖角的模具零件，取 $0.2\sim0.6$ mm。

②渗碳层的碳浓度。比一般结构零件的碳浓度要低，控制在共析成分为佳，取 $0.7\%\sim0.9\%$。

③渗碳层的碳化物。应均匀细小，不允许有网络状及粗大的碳化物。

④无晶内氧化，过量的残余奥氏体以及其他组织缺陷。

如果以冷挤压成形工艺制造塑料模具零件，应采用低碳渗碳型钢种，它与普通的渗碳钢（结构钢）不同，是一种超低碳专门用钢，它列入工具钢范畴而不是列入结构钢，由于它需要冷挤压成形，除含碳量低外，经软化退火后，硬度很低（$\leqslant160HBS$，挤压复杂型腔时 $\leqslant130HBS$），使其金相组织特别适合于冷塑性变形。

3. 典型渗碳型塑料模具钢种介绍

(1)0Cr4NiMoVc(LJ)钢

①主要性能特点

LJ 钢的 $W_C\leqslant0.08\%$，主加元素是铬，W_{Cr} 为 $3.6\%\sim4.2\%$，主要作用是提高淬透性和渗碳能力，增加渗碳层的硬度和耐磨性。LJ 钢冷成形性能与工业纯铁相近，用冷挤压法成形的模具型腔轮廓清晰，精度高，表面粗糙低。LJ 钢主要用来替代 10、20 钢及工业纯铁等冷挤压后成形的精密塑料模。由于渗碳淬硬层较深，基体硬度高，不会出现型腔表面塌陷和内壁咬伤现象，使用效果良好。

②热处理工艺

LJ 钢具有良好的热处理工艺性。退火工艺是：加热温度为 800 ℃，保温 2 小时，随炉缓冷（冷却速度约 40 ℃/h）至 650 ℃后出炉空冷。退火硬度为 $100\sim105HBS$，可顺利地进行冷挤压成形。LJ 钢渗碳工艺是：渗层深度比 20 钢深一倍，固体渗碳工艺是：加热温度为 930 ℃，保温 $6\sim8$ 小时，渗碳后出炉预冷至 850 ℃～870 ℃油淬，再进行 200 ℃～220 ℃的低温回火，回火保温时间为 2 小时。热处理后表面硬度为 $58\sim60HRC$，心部硬度为 $27\sim29HRC$，热处理变形微小。

（2）12CrNi3A 钢

①主要性能特点

12CrNi3A 钢是传统的中淬透性合金渗碳钢。$W_C = 0.09\% \sim 0.16\%$，$W_{Cr} = 0.06\% \sim 0.90\%$，$W_{Ni} = 2.75\% \sim 3.25\%$，其室温力学性能见表 5.2、高温性能见表 5.3。该钢淬火低温回火或高温回火后都有良好的综合力学性能，不同回火温度力学性能见表 5.4，疲劳极限见表 5.5，12CrNi3A 钢的低温韧性好，缺口敏感性小，切削加工性能良好，低温冲击韧性见表 5.6，当 260～320HBS 时，相对切削加工性为 70%～60%。另外，钢退火后硬度低、塑性好；因此，可以采用切削加工方法制造模具，也可以采用冷挤压成形方法制造模具。为了提高模具型腔的耐磨性，模具成型后需要进行渗碳处理，然后淬火和低温回火，从而保证模具表面具有高硬度、高耐磨性而心部具有很好的韧性。但是该钢有回火脆性和形成白口倾向。12CrNi3A 钢主要用于冷挤压成形的形状复杂的浅型腔塑料模具和大、中型切削加工成形的塑料模具。

②热处理工艺

12CrNi3A 钢一般锻造成形。为了提高冷成形性，锻后必须软化退火，退火工艺是：740 ℃～760 ℃加热，保温 4～6 小时后以 5～10 ℃/h 的速度缓冷至 600 ℃，再炉冷至室温，经此处理，退火后的硬度<160HBS，适用于冷挤压成形。12CrNi3A 钢也可用来制造切削加工成形的塑料模具，为了改善切削加工性，模坯须经正火处理，正火工艺是 870 ℃～900 ℃加热并保温 3～4 小时后空冷，正火后硬度≤229HBS，切削加工性能良好。预处理见表 5.7。12CrNi3A 钢采用气体渗碳工艺时，加热温度为 900 ℃～920 ℃，保温 6～7 小时，可获得 0.9～1.00 mm 的渗碳层，渗碳后预热至 800 ℃～850 ℃直接油淬或空冷。淬火后表层硬度可达 56～62HRC，心部硬度为 250～380HBS，变形微小。

表 5.2　室温力学性能

热处理毛坯直径 /mm	热处理制度	σ_b	σ_s	δ_s	ψ	α_k	备注
		/MPa		/%		/J·cm⁻²	
15	860 ℃,780 ℃两次油淬	≥950	≥700	≥11	≥50	≥90	
	200 ℃回火,水或空冷						
	860 ℃,780 ℃ 30 min 油淬	1 010～1 510	860～1 380	11～20	52～68	92～197	
	200 ℃180 min 回火,水冷	1 270	1 150	14	61	158	
	860 ℃,780 ℃ 10 min(盐炉)油淬	1 080～1 450	820～1 210	11～16	54～68	147～187	50 炉钢 16 炉电渣生熔钢
	200 ℃回火 180 min,水冷	1 245	985	14.1	61.9	168	
16	830 ℃,800 ℃两次油淬	1 205	805	13.0	63.0	168	
	180 ℃回火空冷	1 225	850	15.5	61.5	190	
	860 ℃,800 ℃两次油淬	1 235	890	14.5	61.5	188	
	180 ℃回火空冷	1 210	875	14.0	63.5	169	
	890 ℃,800 ℃两次油淬	1 190	820	17.0	65.5	185	
	180 ℃回火空冷	1 220	895	16.0	62.0	183	

注：分子为数据范围，分母为平均值。

表 5.3　高温性能

预处理	温度/℃	σ_b	σ_s	δ_s	ψ	$\alpha_k/J \cdot cm^{-2}$
		/MPa		/%		
880 ℃～900 ℃正火, 650 ℃3 h 回火	20	560～590	400～450	26	73	240
	100	530	390	25.5	74.5	150～240
	200	525	380	22	72	230
	300	550	380	20	68	250
	400	475	345	20.5	75.5	210
	450	450	350	21	78.5	
	500	355	310	20.5	83.5	150
	600	205	180	26	86	265
890 ℃～900 ℃油淬, 500 ℃3 h 回火	20	815	755	17	68.5	160
	200	810	740	14	61	200
	300	820	740	16	65	150
	400	640	600	17	75	120
	500	500	460	18	75	120

表 5.4　不同温度回火后的力学性能

热处理 毛坯直径 /mm	热处理制度		σ_b	σ_s	δ_s	ψ	α_k /J · cm^{-2}	备注
			/MPa		/%			
15	900 ℃ 正火,660 ℃回火空冷	800 ℃油淬,200 ℃回火空冷	1 400	1 290	12.0	60.0	105	①
		800 ℃油淬,300 ℃回火空冷	1 290	1 150	12.5	67.0	80	
		800 ℃油淬,400 ℃回火空冷	1 220	1 090	13.5	68.0	90	
		800 ℃油淬,500 ℃回火空冷	1 030	940	18.0	70.0	120	
		800 ℃油淬,600 ℃回火空冷	750	660	23.5	74.0	170	
16	900 ℃ 正火,660 ℃回火空冷	860 ℃、780 ℃油淬,180 ℃回火空冷	1 150	785	15.0	64.0	159	②
			1 215	840	15.0	63.0	178	
		200 ℃回火空冷	1 195	835	15.0	65.5	197	
			1 220	885	15.0	65.5	177	
		230 ℃回火空冷	1 195	830	14.0	61.5	185	
			1 225	890	15.0	66.0	195	
		260 ℃回火空冷	1 210	875	16.0	66.0	175	
			1 235	905	14.0	65.5	178	

注:① 试验用钢成分(质量分数)(%):C0.17,Si0.19,Mn0.35,Cr1.26,Ni3.25,P0.016,S0.016。

　② 试验用钢成分(质量分数)(%):C0.14,Si0.22,Mn0.40,Cr0.69,Ni3.06,P0.025,S0.006。

表 5.5　疲劳极限

热处理 毛坯直径 /mm	热处理制度	σ_b	σ_s	σ_{-1}	σ_{-1K}	τ_{-1}	备注
		/MPa		/%			
16	900 ℃正火,660 ℃回火空冷;860 ℃、 780 ℃两冷油淬,180 ℃回火空冷	1 215	840	510	260		①
15	940 ℃渗碳 7h 缓冷,870 ℃油淬,200 ℃回火 820 ℃油淬,500 ℃回火	1 130	910	460		235	② ③
		745	622	345			

注:① 试验用钢成分(质量分数)(%):C0.14,Si0.22,Mn0.44,Cr0.69,Ni3.06,P0.025,S0.006。

　② 试验用钢成分(质量分数)(%):C0.13,Si0.35,Mn0.46,Cr0.71,Ni2.88,P0.012,S0.011。

　③ 试验用钢成分(质量分数)(%):C0.19,Si0.27,Mn0.40,Cr0.70,Ni3.02。

表 5.6 低温冲击韧性

热处理毛坯直径/mm	热处理制度	下列试验温度(℃)时的 a_k/J·cm^{-2}				备注
		0	−20	−40	−60	
17(方)	940 ℃渗碳 7h,870 ℃油淬,200 ℃回火空冷 900 ℃正火,660 ℃回火空冷;860 ℃油淬	150	140	124	110	①
16	180 ℃回火空冷	187	167	140	120	②
	900 ℃正火,660 ℃回火空冷;860 ℃、780 ℃ 两次油淬,180 ℃回火空冷	171	153	142	126	

注:① 试验用钢成分(质量分数)(%):C0.13,Si0.35,Mn0.46,Cr0.71,Ni2.88.P0.012,S0.011。
　　② 试验用钢成分(质量分数)(%):C0.14,Si0.22,Mn0.44,Cr0.69,Ni3.06.P0.025,S0.006。

表 5.7 预处理

项目	退火	正火	高温回火	淬火	回火	渗碳	淬火Ⅰ	淬火Ⅱ	回火	渗碳	淬火	回火	渗氮	回火
温度/℃	670~680	880~940	670~680	860	按需要	900~920	860	760~810	150~200	900~920	810~830	150~200	840~860	150~180
冷却	炉冷	空气	空气	油	油	罐冷	油	油	空气	罐冷	油	空气	直接油淬	空气
硬度 HBS	≤229	≤229							HRC 心部 26~40 表面 ≥58			HRC 心部 26~40 表面 ≥58		表面 HRC ≥58

（3）P 系列钢

①主要性能特点

美国 P 系列塑料模具钢(同类型的有德国的 X6CrMo5;日本的 CH 系列钢)。P1 钢是非合金渗碳型塑料模具钢;P2~P6 是合金钢。P 系列钢以冷挤压成形工艺方法制造塑料模具零件,它与普通的渗碳钢(结构钢)不同,是一种超低碳专门用钢,它列入工具钢范畴而非列入结构钢,由于它需要冷挤压成形,除碳含量低外,经软化退火后,硬度很低(≤160HBS,挤压复杂型腔时≤130HBS),使其金相组织特别适合于冷塑性模具变形。

②热处理工艺

P 系列钢渗碳温度均取 900 ℃~930 ℃,淬火温度由于含合金元素不同而有差异,P1 钢790 ℃~800 ℃,水或盐水冷;P2 钢 830 ℃~845 ℃,油冷;P3 钢 800 ℃~830 ℃,油冷;P4 钢970 ℃~995 ℃,空冷;P5 钢 845 ℃~870 ℃,空冷;P6 钢 790 ℃~815 ℃,油冷;回火温度 P1、P2,P3,P6 钢均为 175 ℃~260 ℃,P4,P5 钢 175 ℃~480 ℃。渗碳淬火回火后的表面硬度 58~64HRC。P20 钢也宜渗碳,渗碳温度 870 ℃~900 ℃,淬火温度 815 ℃~870 ℃,油冷;回火温度 175 ℃~260 ℃,表面硬度 58~64HRC;回火温度取 480 ℃~595 ℃,硬度 28~37HRC。

二、常用淬硬型塑料模具钢

对于负荷较大的热固性塑料模和注射模,除了型腔表面应有高耐磨性之外,还要求模具基体具有较高强度、硬度和韧性,以避免或减少模具在使用中产生塌陷、变形和开裂现象。这类模具可选用淬硬型塑料模具钢制造。常用的淬硬型塑料模具钢有:碳素工具钢(如 T7A、

T10A)、低含合金冷作模具钢(如 9SiCr、9Mn2V、CrWMn、GCr15、7CrSiMnMoV 钢等)、Cr12 型钢(如 Cr12MnV 钢)、高速钢(如 W6Mo5Cr4V2 钢)、基体钢和某些热作模具钢等等。这些钢的最终热处理一般是淬火和低温回火(少数采用中温回火或高温回火),热处理后的硬度通常在 45～50HRC 以上。其中,碳素工具钢仅适用于制作尺寸不大、受力较小、形状简单以及防变形要求不高的塑料模及利用其淬透性低的特点来制作要求表面耐磨而心部有一定韧性的凹模;低合金冷作模具钢主要用于尺寸较大,形状较复杂和精度较高的塑料模;Cr12MoV 钢适于制作要求高耐磨性的大型、复杂和精密的塑料模;W6Mo5Cr4V2 钢适于制作要求强度高和耐磨性好的塑料模;热作模具钢适合于制作有较高韧性和一定耐磨性要求的塑料模。

另外,GD 钢也是近年来新推广使用的一种淬硬型塑料模具钢。由于该钢强韧性高,淬透性和耐磨性好,淬火变形小,成本低,用此钢取代 Cr12MoV 钢或基体钢制作大型、高耐磨、高精度塑料模,不仅降低了成本,而且提高了模具的使用寿命。淬硬型塑料模用钢热处理工艺特点在冷作模具钢、热作模具钢中已讲解,在此不再重复。

三、预硬型塑料模具钢

1. 预硬型塑料模具钢的特性

所谓预硬钢就是供应时预先进行了热处理,并使之达到模具使用态硬度,该硬度变化范围较大,较低硬度为 25～35HRC,较高硬度为 40～50HRC,在这些硬度条件下把模具加工成形后,不再进行热处理,而直接使用,从而保证了模具的制造精度。

我国近年研制的预硬型塑料模具钢,大多数是以中碳钢为基础,加入适量的铬、锰、镍、钼、钒等合金元素制成。为了解决在较高硬度下切削加工难度大的问题,通过向钢中加入硫、钙、铅、硒等元素,以改善切削加工性能,从而得到易切削预硬型塑料模具钢,它们可使模具在较高硬度下顺利完成车、铣、刨、磨等加工。有些预硬型塑料模具钢可以在模具加工完成后进行渗碳处理,在不降低基体使用硬度的前提下使模具的表面硬度和耐磨性显著提高。

2. 典型预硬型塑料模具钢介绍

(1)3Cr2Mo(p20)系列钢

该系列钢属于中碳低合金钢,其主要钢种及化学成分见表 5.8。

表 5.8　部分 3Cr2Mo 系列钢化学成分

牌号	化学成分(ω/%)							
	C	Mn	Si	Cr	Ni	Mo	S	P
3Cr2Mo(P20)	0.34	0.80	0.50	1.70	—	0.43	≤0.03	≤0.03
3Cr2NiMo(p4410)	0.36	0.85	0.40	1.85	1.00	0.35	≤0.02	≤0.015
4Cr2MnNiMo(718)	0.40	1.5	0.30	2.0	1.1	0.2	≤0.03	≤0.03

1)3Cr2Mo(现为 SM3CrMo)钢

①主要性能特点

3Cr2Mo(现为 SM3CrMo)钢与美国通用型塑料模具钢 P20 是同类钢。生产中多采用电炉熔炼,真空除气和特殊脱氧处理。其综合力学性能好,淬透性高,可以使较大截面的钢材获得较均匀的硬度,并具有很好的抛光性能,表面粗糙度低。该钢主要用于中、小型或大型的复杂、精密塑料模及低溶点合金如锡、锌、铅合金压铸模。

②热处理工艺

用该钢制造模具时,一般先进行调质处理,硬度为 28～35HRC(即预硬化),再经冷加工制造模具后,可直接使用,为了增加表面耐磨性,可以在成形加工后进行表面处理,如镀铬、渗氮处理等。

a. 预先热处理:见图 5.1。

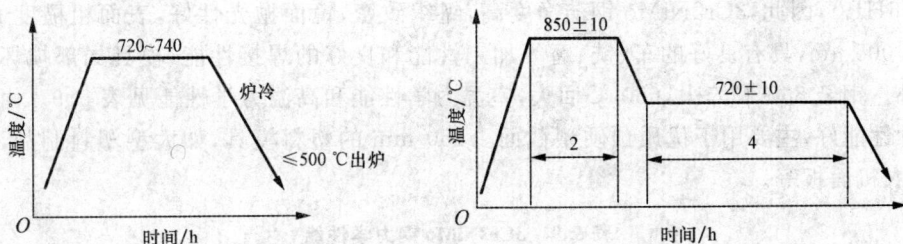

图 5.1 预先热处理

b. 淬火处理:推荐淬火加热温度 850 ℃～880 ℃,油冷,淬火温度对 3Cr2Mo 钢硬度的影响见图 5.2。

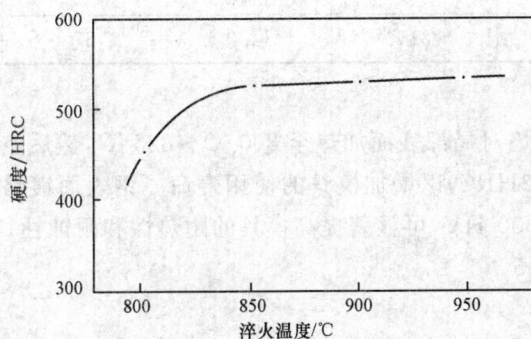

图 5.2 淬火温度对 3Cr2Mo 钢硬度的影响

c. 回火处理:推荐回火温度 580 ℃～640 ℃,空冷。回火温度对 3Cr2Mo 钢硬度和冲击韧度的影响见图 5.3,回火温度对 3Cr2Mo 钢抗拉强度、屈服强度、伸长率和断面收缩率的影响见图 5.4。

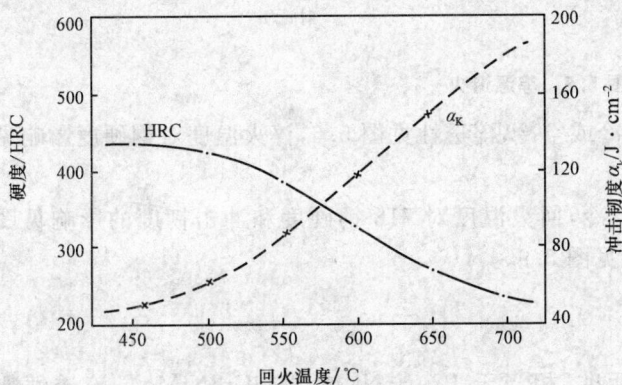

图 5.3 回火温度对 3Cr2Mo 钢硬度
和冲击韧度的影响

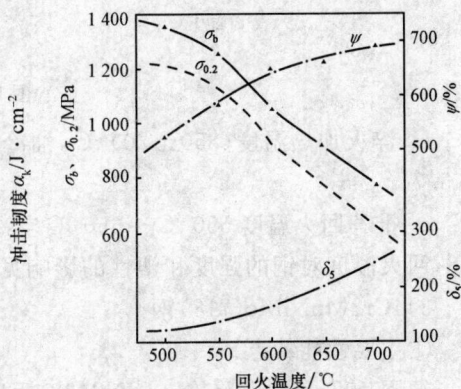

图 5.4 回火温度对 3Cr2Mo 钢抗拉强度、
屈服强度、伸长率和断面收缩率的影响

2)3Cr2NiMo(p4410)钢

①主要性能特点

3Cr2NiMo 钢是 P20 的改进型,即在 3Cr2Mo 钢的基础上添加质量分数 0.8%~1.2% 的镍,由于镍的作用,该钢具有更高的淬透性,强韧性和抗蚀性。3Cr2NiMo 钢采用真空脱气,钢包喷粉精炼,钢锭经水压机锻造后进行粗加工,再经超声波探伤后进行调质处理,调质预硬度为 32~36HRC,因此,3Cr2NiMo 钢洁净度高,组织致密,镜面抛光性好,表面粗糙度 R_a 值达 0.01~0.005 μm,具有良好的车、铣、磨等加工性能和良好的焊接性能,模具局部损坏可用补焊法修补。钢经 860 ℃淬火,650 ℃回火,室温力学性能和高温力学性能见表 5.9。由于该钢综合力学性能好,主要用于优质预硬型截面≥250 mm 的塑料模具,如大型塑料制品,电视机外壳,洗衣机面板等。

表 5.9　3Cr2NiMo 钢力学性能

试验温度 /℃	抗拉强度 /MPa	屈服强度 /MPa	伸长率 /%	断面收缩率 /%	冲击韧度	硬度 /HRC
室温	1 120	1 020	16	61	96	35
200	1 006	882	13.6	56	—	—
400	882	811	14.0	67	—	—

②热处理工艺

3Cr2NiMo 钢采用火焰对局部表面加热至 800 ℃~825 ℃,然后空冷或用压缩空气冷却,使局部表面淬硬至 56~62HRC,以增加模具的使用寿命。钢表面镀铬后,镀层与基体金属结合良好,表面硬度可达 1 000 HV,可显著提高模具的耐热性和耐蚀性。

a. 退火工艺,见图 5.5。

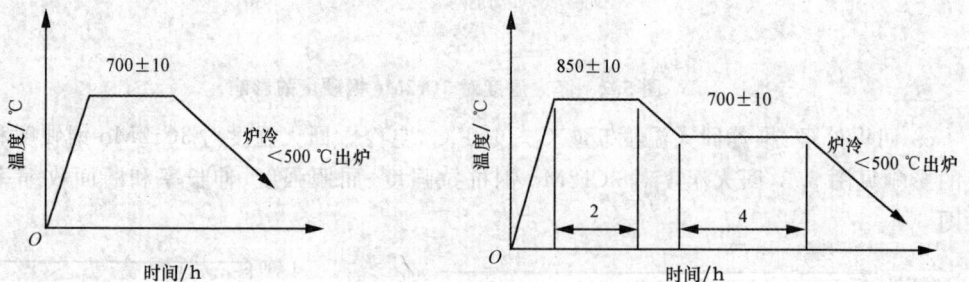

图 5.5　等温退火

b. 淬火加热温度(850±20)℃,油冷或空冷,淬透性见图 5.6,淬火温度对钢硬度影响见图 5.7。

c. 推荐回火温度 550 ℃~650 ℃空冷,回火温度对 718 钢硬度和冲击韧度的影响见图 5.8,回火温度对钢的强度和塑性的影响见图 5.9。

3)4Cr2MnNiMo(718)钢

①主要性能特点

德国 40CrMnNiMo 钢(DIN2738 标准,相当于 P20＋Ni 或 SM3Cr2NiMo),淬透性比 SM3Cr2Mo 更高,保证钢在较大截面上力学性能均匀,宜作大截面(＞400 mm)的塑料模。钢的冶金质量、加工性能优良。抛光性和电蚀刻性好。供应硬度为 280~325HBS。

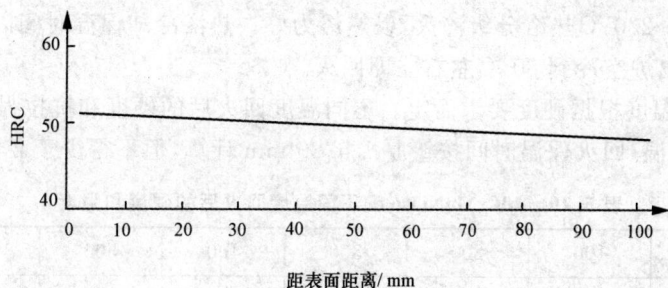

图 5.6　淬透性曲线

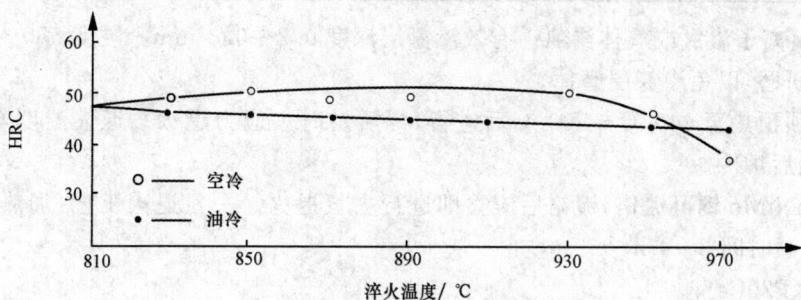

图 5.7　淬火温度对钢的硬度影响

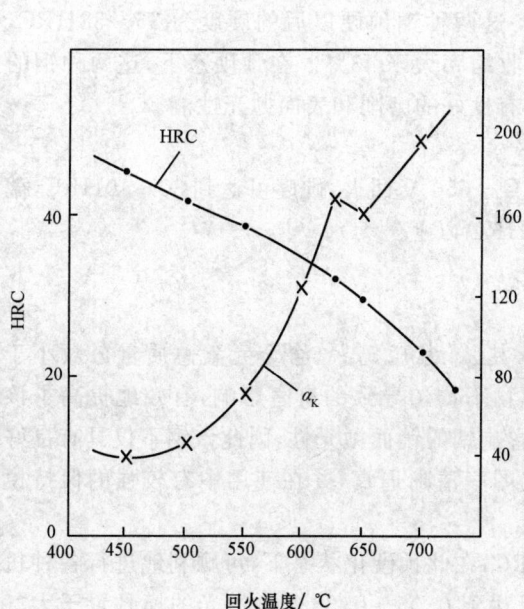

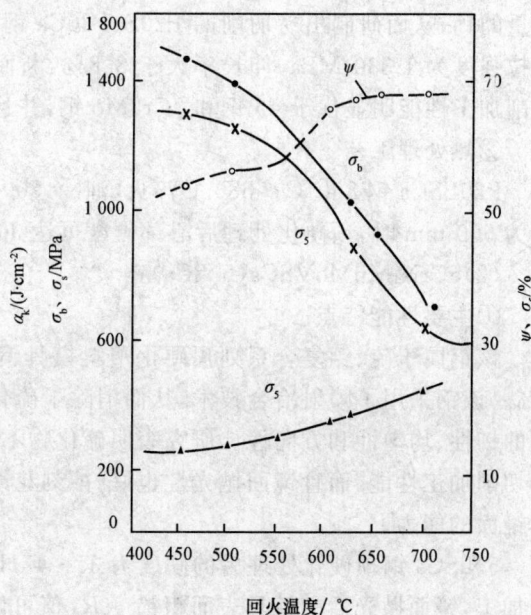

图 5.8　回火温度对 718 钢硬度和冲击韧度的影响　　**图 5.9　回火温度对钢的强度和塑性的影响**

②热处理工艺

a. 退火工艺：加热温度 710 ℃～740 ℃，炉冷，硬度≤265HBS。

b. 淬火：奥氏体化温度 840 ℃～870 ℃，必须预热，预热温度约 650 ℃，形状复杂、尺寸厚薄不匀者最好二次预热，第一次约 400 ℃预热，保温时间按 5～1.0 mim/mm 计算。经预热后的淬火保温时间按 0.5 min/mm 计算。为使合金元素充分溶入奥氏体，保温时间应足够。冷却:油冷或 180 ℃～220 ℃热浴分级淬火,以热浴为好。热浴冷却保温时间以模具整个截面温度均匀为度,然后出炉空冷到 80 ℃左右立即回火。

　　c. 回火:回火温度根据硬度要求而定。不同温度回火后的硬度和抗拉强度见表 5.10。回火加热时应缓慢升温,回火保温时间按壁厚 1 h/20 mm 计算,但不得少于 2 小时,空冷。

表 5.10　40CrMnNiMo 钢不同温度回火后的硬度和强度

回火温度/℃	100	200	300	400	500	600	700
硬度/HRC	51	50	48	46	42	36	28
抗拉强度/MPa	1 730	1 670	1 570	1 480	1 230	1 140	920

　　d. 渗氮:离子渗氮或气体渗氮。有效渗氮层深度 0.2～0.3 mm。硬度 550～800 HV,渗氮后不宜再研磨,以免渗氮层磨掉。

　　焊接时须预热至 400 ℃～500 ℃后进行,焊后及时去应力退火。退火温度 600 ℃～650 ℃,充分保温后炉冷。

　　40CrMnNiMo 钢可镀铬,镀铬后应立即进行去氢退火。去氢退火工艺:加热温度 180 ℃～200 ℃,保温时间 2～4 h。

　　4)P20S、P20Ca 钢

　　①主要性能特点

　　为了改善 3Cr2Mo 钢的切削加工性能,将钢中硫的质量分数提高至 0.01% 或向钢中加入少量的钙,从而研制出易切削的 P20S、P20Ca 钢。这两种钢预硬以后的硬度为 36～38HRC,抗拉强度为 1 330 MPa,伸长率大于 8.8%,断面收缩率大于 43%。在预硬态下,这两种钢的切削加工性能明显优于 45 钢和 3Cr2Mo 钢,并且有良好的磨削和表面抛光性能。

　　②热处理工艺

　　P20BSCa 钢 860 ℃～880 ℃淬火,油冷,500 ℃～650 ℃回火,硬度可达到 30～40HRC,截面为 600 mm 时,预硬化处理后心部硬度可达 30HRC 以上。

　　(2)5CrNiMnMoVSCa(5NiCa)钢

　　①主要性能特点

　　该钢属于硫、钙复合系列预硬化塑料模具钢,其 ω_c 为 0.57%,合金元素总质量分数小于4%。该钢采用了喷射冶金技术,从而消除了硫化物不均匀导致的有害影响,有效地提高了该钢的韧性、均匀性和方向性。研究表明硫化物不影响钢的镜面抛光性,因此该钢不仅具有良好的切削加工性能,而且镜面抛光性也好,蚀刻花纹图案清晰逼真,并在使用中有较强的保持模具镜面的能力。

　　5NiSCa 钢预硬化处理后的硬度为 35～45HRC,在此预硬化状态下,可顺利地进行各种机械加工,镜面抛光后的模具表面粗糙度 R_a 值可以达到 0.05～0.25 μm,抛光的模具置于大气中容易锈蚀氧化,应及时镀铬或渗氮处理,这样,既保护型腔表面,又增加表面硬度和耐磨性。5NiSCa 钢预硬化处理后的力学性能见表 5.11。由此可见,该钢强韧性较高。5NiSCa 钢可用于制作型腔复杂,精密的大、中、小型注射模、橡胶模和胶木模等。模具质量和寿命超过 P20,接近进口模具的先进水平。如用 5NiSCa 钢制作 L310 透明窗模具,预硬硬度为 40HRC,表面粗糙度与进口 P20 钢相同,寿命达到 50 万件,进口 P20 钢同类模具寿命仅为 20 万件。又如,5NiSCa 制作磁带盒内盒模具,预硬硬度 40～45HRC,平均寿命 200 万件,同样超过进口的同类模具。

表 5.11　5NiSCa 钢预硬化处理后的力学性能

力学性能 回火温度 /℃	880 ℃淬火					900 ℃淬火				
	抗拉强度 σ_b /MPa	屈服强度 σ_s /MPa	伸长率 δ/%	断面收缩率 ψ/%	冲击韧度 α_k/ J·cm^{-2}	抗拉强度 σ_b/MPa	屈服强度 σ_s /MPa	伸长率 δ/%	断面收缩率 ψ/%	冲击韧度 α_k/ J·cm^{-2}
575	1 391	1 325	8.1	37.3	37	1 431	1 364	7.9	39.6	42
625	1 274	1 241	8.8	42.1	46	1 292	1 252	8.3	41.7	49
650	1 046	1 008	9.0	45.3	57	1 085	1 061	10.5	47.0	67

②热处理工艺

a. 推荐淬火温度 860 ℃~920 ℃,油冷,硬度达 62~63HRC。

b. 推荐回火温度 600 ℃~650 ℃,空冷,回火硬度达 35~45HRC,回火温度对钢强度、塑性及韧性影响(淬火温度 880 ℃)见表 5.12。

表 5.12　回火温度对钢强度、塑性及韧性影响(淬火温度 880 ℃)

回火温度/℃	性　能	
200	$\sigma_{0.2}$/MPa	1 972
	σ_b/MPa	2 101
	$\sigma_{0.2c}$/MPa	2 135
	δ/%	5.4
	ψ/%	20.1
	α_k/J·cm^{-2}	32
300	$\sigma_{0.2}$/MPa	1 788
	σ_b/MPa	2 095
	$\sigma_{0.2c}$/MPa	2 005
	δ/%	6.3
	ψ/%	30.0
	α_k/J·cm^{-2}	25
400	$\sigma_{0.2}$/MPa	1 705
	σ_b/MPa	1 840
	$\sigma_{0.2c}$/MPa	1 890
	δ/%	6.8
	ψ/%	31.7
	α_k/J·cm^{-2}	28
500	$\sigma_{0.2}$/MPa	1 570
	σ_b/MPa	1 711
	$\sigma_{0.2c}$/MPa	1 776
	δ/%	7.2
	ψ/%	35.7
	α_k/J·cm^{-2}	33.0

淬火、回火温度对钢的强度、塑性及韧性的影响见表 5.13,淬火、回火温度对硬度的影响见表 5.14。

表 5.13 淬火、回火温度对钢的强度、塑性及韧性的影响

淬温 / ℃	回火温度 / ℃ 性　　能	575	625	650
860	$\sigma_{0.2}$/MPa		1 144	1 015
	σ_b/MPa		1 170	1 062
	$\sigma_{0.2c}$/MPa		1 197	992
	δ/%		8.6	10.6
	ψ/%		42.7	49.7
	α_k/J·cm^{-2}	37	43	70
880	$\sigma_{0.2}$/MPa	1 352	1 266	1 029
	σ_b/MPa	1 419	1 300	1 067
	$\sigma_{0.2c}$/MPa	1 456	1 297	1 032
	δ/%	8.1	8.8	9.0
	ψ/%	37.3	42.1	45.3
	α_k/J·cm^{-2}	38	47	58
900	$\sigma_{0.2}$/MPa	1 392	1 226	1 083
	σ_b/MPa	1 460	1 318	1 107
	$\sigma_{0.2c}$/MPa	1 472	1 388	1 133
	δ/%	7.0	8.8	10.5
	ψ/%	39.0	41.7	47.0
	α_k/J·cm^{-2}	43	50	68
920	$\sigma_{0.2}$/MPa	1 416	1 357	1 152
	σ_b/MPa	1 497	1 383	1 183
	$\sigma_{0.2c}$/MPa	1 549	1 440	1 149
	δ/%	8.5	9.9	9.2
	ψ/%	39.3	40.9	43.2
	α_k/J·cm^{-2}	26	46	62
960	$\sigma_{0.2}$/MPa	1 456	1 368	1 206
	σ_b/MPa	1 547	1 441	1 234
	$\sigma_{0.2c}$/MPa	1 561	1 481	1 243
	δ/%	8.1	9.0	9.2
	ψ/%	36.6	38.9	41.7
	α_k/J·cm^{-2}	40	44	55

表 5.14　淬火、回火温度对硬度 HRC 的影响

回温 / ℃ ＼ 淬温 / ℃	840	860	880	900	920	940	960
淬态	60	62	63	63	63	63	61.5
175	58	58	59	59.5	59.5	59.5	58.5
200	57.5	57.5	57.5	58	58	58	58
225	56	56	55.5	56.5	56.5	56.5	56.5
250	55	55.5	55.5	56	56	56	56
300	53.5	53.5	54	54.5	54.5	54.5	54.5
400	50	50.5	50.5	51	51.5	51.5	51.5
500	46.5	47.5	48	48.5	48	50	50
525	45	46	47.5	48	48	49	49
550	44	45.5	46.5	47.5	47.5	48	48.5
575	43	44	45.5	47	47	48	48
600	40.5	41.5	45	45	45	45.5	46.5
625	36	39	39	41.5	42.5	43.5	44.5
650	33.5	33.5	36	37	37.5	38.5	40
675	30	31	32.5	33	33.5	34	35

（3）8Cr2MnWMoVS(8Cr2S)钢

①主要性能特点

8Cr2MnWMoVS(8Cr2S)钢，是含 S 易切削钢，当热处理到硬度 40～42HRC 时，其切削加工性相当于退火态的 T10A 钢（200HBS）的加工性。经电渣重熔，材质均匀，组织细密，纯净度高，其磨削和抛光加工性能良好。采用相同的研磨加工，其表面粗糙度比一般合金工具钢低，作为预硬钢适宜于制作各种类型的塑料模、胶木模、陶土瓷料模以及印刷线路板冲孔模，使用寿命较一般合金工具钢高 2～3 倍。

②热处理工艺

a. 退火：(800±10) ℃，保温 2～4 小时，降温到 700 ℃～720 ℃等温，保温 4～6 小时，炉冷，硬度≤229HBS；

b. 淬火：880 ℃～920 ℃，空冷，硬度 63HRC；淬火加热系数：盐浴炉 1.5～2.0 min；气体介质炉 2.0～2.5 min/mm；回火：一般取 160 ℃～200 ℃，空冷，硬度≥58HRC。

8Cr2MnWMoVS 钢不同回火温度回火后的硬度和强度见表 5.15。

表 5.15　8Cr2MnWMoVS 钢经淬火不同回火温度硬度和抗拉强度

温度/℃	200	500	550	580	600	620	630	650
硬度/HRC	62.3	53.7	51.1	49.8	47.1	46.6	44.2	36.7
σ_b/MPa	3 130	3 100	3 000	3 000	2 900	2 851	2 570	2 470

（4）Y55CrNiMnMoV(SM1)及 Y20CrNi3AlMnMo(SM2)钢

这两种钢都是加硫的易切削塑料模具钢,均为预硬态供应,预硬硬度为 35～40HRC,其中 SM2 钢淬火,回火硬度略低于 SM1 钢。

这两种钢易切削效果明显,性能稳定,综合性能明显优于 45 钢,使用寿命长,均可用来制造各类塑料模具以及胶木线路板冲孔模,精冲模导向板等,使用效果显著,部分模具的使用寿命见表 5.16。

表 5.16　部分模具的使用寿命

模具名称	原用材料	寿　命	现用材料	寿　命
ZL1400 型透明罩模	CrWMn、45	10 万次报废	SM2	50 万次以上尚未修模
量角器,三角尺模	38CrMoAl	5 万次报废	SM1	30 万次以上尚完好无损
长命牌牙刷模	45	43 万次报废	SM1	259 万次开始修模
纱管模	CrWMn、45	10 万次报废	SM1	40 万次开始修模
JG304C 型照相机模	45	5 万次报废	SM1	25 万次以上开始修模
出口玩具模	瑞典进品 718、8407		SM1 SM2	满足出口要求
出口向阳牌保温瓶模	45	5 万次	SM1 SM2	30 万次满足出口要求
出口香港环球公司模具	指定用预硬钢		SM1 SM2	满足出口要求
线路板冲模	CrWMn		SM1	满意

除了上述塑料模具专用预硬化钢外,具有中碳成分的某些合金结构钢,合金工具钢和优质碳素钢,如 40Cr、38CrMoAlA、5CrMnMo、4Cr5MoSiV1、45、55 钢等也时被作为这类钢来使用,合金钢一般在调质状态下使用,碳素钢多在正火状态下使用,其中 45 和 40Cr 钢由于货源充足,价格便宜,用途较广,在我国也是用于塑料模的主要钢种之一。

四、时效硬化型塑料模具钢

1. 时效硬化型塑料模具钢特点

此类钢的共同特点是含碳量低,合金元素含量较高,经高温淬火(固溶处理)后,钢处于软化状态,组织为单一的过饱和固溶体。但是将此固溶体进行时效处理,即加热到某一较低温度,并保温一段时间后,固溶体中就会析出细小弥散的金属化合物,从而造成钢的强化和硬化。并且这一强化的过程引起的尺寸、形状变化极小,因此,采用此类钢制造塑料模具时,可在固溶处理后进行模具的机械成形加工,然后通过时效处理,使模具获得使用状态的强度和硬度,这就有效地保证了模具最终尺寸和形状的精度。

此外,此类钢往往采用真空冶炼和电渣重熔,钢的纯净度高,所以镜面抛光性能和光蚀性能良好,这类钢还可以通过镀铬、渗氮,离子增强沉淀等表面处理方法来提高耐磨性和耐蚀性。

2. 常用时效塑料模具钢的热处理工艺

(1)18Ni 系列钢

1)主要性能特点

18Ni 钢相当于日本的 MASI 钢,属于低碳马氏体时效钢,经固溶处理—时效后,具有很高的强度和韧性,又有良好的耐蚀性,而且时效变形小。主要用来制作高精度,超镜面,型腔复杂,大截面,大批生产的塑料模具,这一类钢制造模具虽然价格昂贵,但由于使用寿命长,综合经济效益仍然很高。

2)热处理工艺

820 ℃固溶处理,350 ℃时效 3～6 小时。时效处理后的尺寸变化是有规律的,在工艺设计时可预留变形量来适当控制。18Ni(200)钢,长度方向收缩约 0.04%;18Ni(250)钢约为0.06%;18Ni(300)和 18Ni(350)收缩率约为 0.08%。18Ni 系列钢的时效强化效果很明显。18Ni(250)钢在固溶状态下,硬度为 28HRC;经 480 ℃时效 3 小时,硬度可提高到 43HRC,保温时间延长到 3 小时或更长,硬度可达到 52HRC。18Ni 系列时效钢还可以通过渗氮进一步强化,18Ni(300)钢的气体渗氮工艺:(455±10) ℃,24～28 小时。

(2)25CrNi3MoAL 钢

25CrNi3MoAL 钢是国内研制的一种低镍时效钢,相当于日本的 N3M 钢,适用制作各种塑料模具。用于一般精密塑料模具,可采用以下热处理工艺:880 ℃加热空冷或水冷淬火,硬度为 48～50HRC,再加热 680 ℃,保温 4～8 小时高温回火,硬度降为 22～23HRC,可顺利进行各种机加工,成形后再 520 ℃～540 ℃时效 6～8 小时,然后空冷,则硬度提高到 39～42HRC,经过这种方法热处理,变形很小,变形率大约为－0.039%,最后,模具型腔经过研磨、抛光或刻蚀花纹,再装配使用。

用于制作高精密塑料模具时,热处理工艺与一般精密塑料模具相同。但为了进一步减小时效变形,在模具的半精加工后,应进行去应力回火,即加热到 650 ℃保温 1 小时,以消除粗加工、半精加工中产生的内应力,然后再进行精加工。经此处理后,时效变形率仅为 0.01%～0.02%。

25CrNi3MoAL 钢不仅镜面加工性能良好,图案蚀刻性能优良,光刻图案清晰均匀,而且渗氮工艺性能良好。渗氮后表面可达 1 100 HV 以上的硬度。

25CrNi3MoAL 钢还可以用于制造冷挤压型腔的塑料成形模。冷挤压成形是在模具毛坯经淬火高温回火软化处理后进行的。冷挤压型腔成形后,应进行真空时效处理或渗氮处理。

(3)06Ni6CrMoVTiAl(06Ni)钢

1)主要性能特点

此钢属于低镍马氏体时效钢,价格比 18Ni 类钢低得多。该钢突出的优点是热处理变形小,时效处理后的变形率仅为 0.02%～0.05%,这是高碳钢和易切削钢所不及的。06Ni6CrMoVTiAl 钢纵、横方向变形率相近,固溶处理后硬度为 25～28HRC,在此硬度值下,切削加工性能和抛光性能都很好。经机械加工成形及钳工修理和抛光后进行时效处理。时效后的硬度为 43～48HRC,变形率<0.05%,并且具有良好的综合力学性能和一定的耐蚀性能,以及良好的渗氮、镀铬、焊接工艺性。该钢适于制造精度比较高又必须淬硬(>40 HRC)的精密塑料模,比用调质钢和碳素工具钢可提高寿命 2 倍以上。例如,制作的收录机磁带盒模具,其平均寿命达 110 万次以上。

2)热处理工艺

06Ni6CrMoVTiAl 钢,固溶处理加热温度为 800 ℃～880 ℃,保温 1～2 小时,油冷或空冷;时效处理温度为 500 ℃～540 ℃,时效 4～8 小时。固溶温度对钢的硬度的影响(固溶时间1 h)见图 5.10,固溶温度对钢的抗拉强度、屈服强度的影响(试样固溶后在 520 ℃时效 6h)见图 5.11,时效温度对钢的硬度的影响(850 ℃固溶,时效 8h)见图 5.12,图 5.13 520 ℃时效时间对钢的硬度的影响见图 5.13,850 ℃固溶时间对钢的硬度的影响见图 5.14。

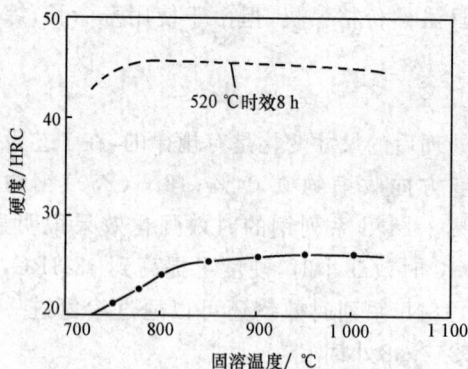

图 5.10 固溶温度对钢的硬度的影响
（固溶时间 1h）

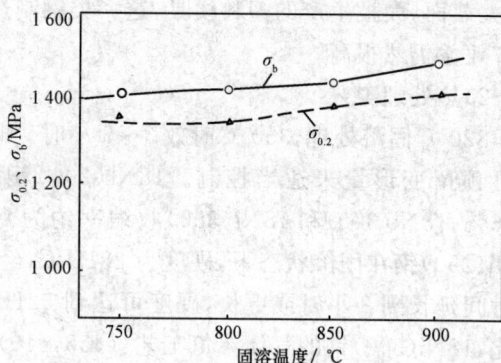

图 5.11 固溶温度对钢的抗拉强度、屈服强度的影响
（试样固溶后在 520 ℃时效 6h）

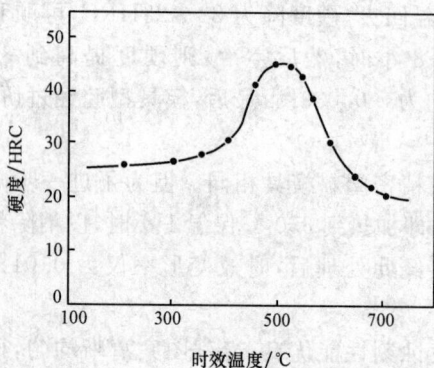

图 5.12 时效温度对钢的硬度的影响
（850 ℃固溶，时效 8h）

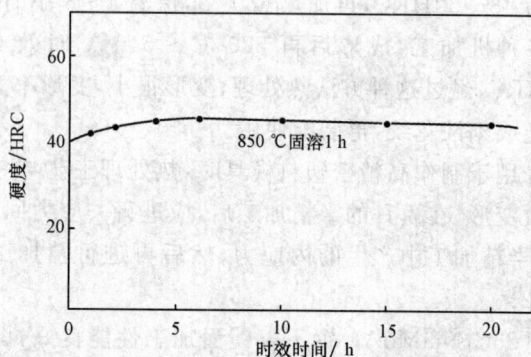

图 5.13 520 ℃时效时间对钢的硬度的影响

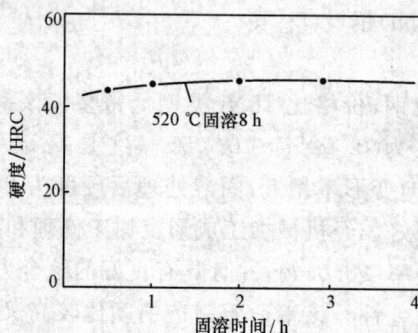

图 5.14 850 ℃固溶时间对钢的硬度的影响

（4）10Ni3CuAlMoS（PMS）钢

1）主要性能特点

PMS 钢是一种新型的镍铜铝系时效硬化型塑料模具钢，因其镜面加工性能好，也被称为镜面塑料模具钢。此钢热处理后获得贝氏体、马氏体双相组织，具有良好的综合力学性能；淬透性高，热处理变形小。PMS 钢适用于制造有镜面要求和精细花纹图案蚀刻性能要求的透明塑料和其他各种热塑性塑料的成形模具。渗氮处理后还可用于制造添加无机纤维的增强工程塑料制品成型模具。

2)热处理工艺

PMS 钢固溶处理温度为 840 ℃～900 ℃,空冷至室温,硬度为 30～35HRC。经 650 ℃高温回火,硬度可降至 25HRC 左右,此时,钢材有极好的塑性,可进行高精度型腔的挤压成形。挤压成形后再经过时效处理仍能获得较高的强度和 40～43HRC 的硬度。PMS 钢中含有合金元素,铝和氮有极好的化合能力,因此 PMS 钢的渗氮能力强,并且时效温度和渗氮温度极为接近,在渗氮处理的同时也进行了时效处理。渗氮后使模具的表面硬度提高,因此增强了耐磨性和抗黏着性。PMS 钢还具有良好的焊接性,可对损坏的模具进行补焊修复。

五、耐蚀塑料模具钢

1. 耐蚀塑料模具钢特点

耐蚀塑料模具钢即耐蚀塑料模具不锈钢,常用钢种有 Cr13、9Cr18、PCR、17-4PH 和 AFC-77 钢等。钢的腐蚀通常可分为化学腐蚀和电化学腐蚀两种类型。化学腐蚀是金属在外界介质中直接发生化学反应而引起的腐蚀,而电化学腐蚀是金属和周围介质之间产生电化学作用引起的腐蚀,大多数钢的腐蚀属于电化学腐蚀。故提高钢的耐蚀性的主要方法有:① 在钢中加入合金元素,如铬、镍、硅等,使钢的基体电极电位提高;② 在钢中加入合金元素,使钢在室温下获得单相组织;③ 钢中加入铬、硅、铝等合金元素,使钢的表面形成一层氧化膜,以保证内部不受腐蚀。

耐蚀型塑料模具钢主要加入铬来提高钢的耐蚀性。铬是不锈钢中获得耐蚀性的最基本元素,可提高钢基体的电极电位;在氧化性介质中,铬能使钢的表面生成致密的氧化膜;铬还可以扩大钢的铁素体相区,使钢形成铁素体单相组织,但钢中的碳易与铬等合金元素形成碳化物,出现贫铬区,从而降低钢的耐蚀性。故耐蚀型塑料模具钢中的碳的质量分数愈低,其耐蚀性愈好。

常用耐蚀型塑料模具钢分 3 种:① 马氏体型耐蚀塑料模具钢。该钢 $W_C = 0.1\% \sim 1.4\%$,$W_{Cr} = 12\% \sim 14\%$,其淬透性高,油淬加空冷即能得到马氏体组织,它具有较高的硬度、强度及耐磨性。② 铁素体型耐蚀塑料模具钢。该钢 $W_C < 0.12\%$,$W_{Cr} = 12\% \sim 30\%$,空冷后的组织为单相铁素体,其具有高的耐蚀性,良好的塑性,但强度较低。③ 奥氏体型耐蚀塑料模具钢。该钢 $W_{Cr} = 17\% \sim 19\%$,$W_{Ni} = 8\% \sim 10\%$,其退火后的组织为奥氏体加碳化物。为了获得奥氏体,提高钢的耐蚀性,使钢软化,应采用固溶处理,即将钢加热到 1 100 ℃,使碳化物溶入奥氏体,水淬快冷至室温。它属于铬镍型耐蚀钢,具有优良的耐蚀性,良好的塑性、韧性、焊接性,但切削加工性较差。

2. 常用耐蚀型塑料模具钢的热处理工艺

耐腐蚀塑料模具钢零件的热处理与一般不锈钢制品的热处理基本相同,其热处理工艺可参考我国行业标准,热处理工艺标准 ZB/TJ36017—1990《不锈钢和耐热钢热处理》。常用几种耐腐蚀塑料模具钢热处理规范见表 5.17。

(1)0Cr16Ni4Cu3Nb(PCR)钢

1)主要性能特点

此钢是一种马氏体沉淀硬化不锈钢。因含碳量低($W_C \leqslant 0.07\%$),耐蚀性和焊接性都优于马氏体型不锈钢,而接近于奥氏体不锈钢。PCR 钢热处理工艺简单,固溶处理后可获得单一的板条状马氏体组织,硬度为 32～35HRC,具有良好的切削加工性能。经 460 ℃～480 ℃时效处理后,可使强度和硬度进一步提高,同时获得较好的综合力学性能,见表 5.18。PCR 钢适于制造高耐磨、高精密和耐蚀性要求好的含氮、氯等塑料树脂成形模。如三氟氯乙烯阀门盖模具,原用 45 刚或镀烙处理模具,使用寿命 1 000～4 000 件,而改用 PCR 钢,模具寿命达到 10 000～12 000 件。

表 5.17 耐腐蚀塑料模具钢热处理规范

序号	钢号	热处理	硬度	注
1	Cr13 系列	980 ℃～1 050 ℃油冷,650 ℃～700 ℃回火,油冷。可进行渗氮提高表面硬度和耐磨性,但耐蚀性会下降	229～341HBS	
2	9Cr18	850 ℃预热,1 050 ℃～1 100 ℃奥氏体化油冷,－80 ℃冷处理,160 ℃～260 ℃回火 3 h,130 ℃～140 ℃去应力退火 15～20 h	58～62HRC	
3	S-STAR	第一次预热 500 ℃ 第二次预热 800 ℃ 奥氏体化温度 1 020 ℃～1 070 ℃ 空冷、油冷或气冷均可 回火:① 要求耐蚀性 200 ℃～400 ℃回火,按 60～90 min/25 mm ② 要求高硬度 490 ℃～510 ℃回火,按 60～90 min/25 mm 精度保持要求高的模具零件须进行冷处理	以预硬化钢交货 31～34HRC 淬火回火态交货 ≤229HBS	日本大同特钢公司产品

表 5-18 PCR 钢时效处理后的力学性能

热处理规范 ＼ 力学性能	抗拉强度 σ_b/MPa	屈服强度 σ_s/MPa	伸长率 δ/%	断面收缩率 ψ/%	冲击韧度 α_k/J·cm^{-2}	硬度 /HRC
950 ℃固溶 460 ℃时效	1 324	1 211	13	55	50	42
1 000 ℃固溶 460 ℃时效	1 334	1 261	13	55	50	43
1 050 ℃固溶 460 ℃时效	1 355	1 273	13	56	47	43
1 100 ℃固溶 160 ℃时效	1 396	1 298	15	45	41	45
1 150 ℃固溶 460 ℃时效	1 428	1 324	14	38	28	46

2)热处理工艺

PCR 钢固溶处理温度为 1 000 ℃～1 100 ℃,空冷或油冷至室温。时效处理温度为 420 ℃～480 ℃,但在 440 ℃时冲击韧度最低,因此,推荐时效处理温度为 460 ℃,时效后硬度为 42～44HRC。PCR 钢经时效处理后,工件仅有微量变形,其抛光性能也好,抛光后可在 300 ℃～400 ℃温度下进行 PVD 表面离子镀处理,处理后可获得大于 1 600 HV 的表面硬度。

(2)17-4PH 和 AFC-77 钢

这两种都属于马氏体沉淀硬化型不锈钢,经 1 000 ℃～1 050 ℃固溶处理后,获得马氏体和大量残余奥氏体组织,所以固溶处理后需经－73 ℃的冷处理,以减少残余奥氏体量。

这两种钢的时效处理一般在冷处理后进行,时效处理温度 480 ℃～650 ℃,处理后具有较高的强度和硬度并且耐大气和水的腐蚀。

这类钢主要适于制造高硬度和耐蚀性的塑料模,由于价格昂贵,它的应用受到限制,可由 PCR 钢替代。

六、其他塑料模具材料

1. 铜合金

用于塑料模具材料的铜合金主要是铍青铜，如 ZcuBe2、ZCuBe2.4 等。一般采用铸造方法制模，不仅成本低，周期短，而且还可制出形状复杂的模具。铍青铜可通过固溶—时效强化，固溶后合金处于软化状态，塑性较好，便于机械加工。经时效处理后，合金的抗拉强度可达到 1 100～1 300 MPa，硬度可达到 40～42HRC。铍青铜适于制造吹塑模、注射模等，以及一些高导热性、高强度和高耐腐蚀性的塑料模。利用铍青铜铸造模具可以复制皮革纹和木纹，可以用样品复制人像或玩具等不规则的成形面。

2. 铝合金

铝合金的密度小，熔点低，加工性能和导热性能都优于钢，其中铸造铝硅合金还具有优良的铸造性能，因此在有些场合可以选用铸造铝硅合金来制造塑料模，以缩短制模周期，降低制模成本。常用的铸造铝合金牌号有 ZL101 等，它适于制造要求高导热率，形状复杂和制造周期短的塑料模具。变形铝合金 LC9 也是用于塑料模制造的铝合金之一，由于它的强度比 ZL101 高，可制造要求强度较高且有良好导热性的塑料模。

3. 锌合金

用于制作塑料模的锌合金大多为 Zn-4Al-3Cu 共晶型合金。它的熔点低，可用多种方法铸造成形，模具复制性好，用经过修理的凸模作型芯，可直接铸出精密高的凹模；锌合金易切削，易修饰加工，并具有独特的润滑性和抗黏附性，因此用锌合金拉深模制造的零件表面不易出现缺陷；用锌合金制造模具，周期短，成本相当于钢模 1/4～1/8，主要用来制作热塑性塑料模。锌合金的不足之处是高温强度较差，且易于老化，因此锌合金塑料模长期使用后易出现变形甚至开裂。

用于塑料模具的锌合金还有铍锌合金和镍钛锌合金。铍锌合金有较高的硬度（150HBS），耐热性好，所制作的注射模的寿命可达几万至几十万件。镍钛锌合金由于镍、钛的加入，可使强度、硬度提高，从而使模具寿命成倍增长。

4. 超塑性合金

塑性模常用的超塑性合金是 ZnAl122 合金。利用超塑性合金制造模具的优点是能在低变形抗力下制造大尺寸的模具型腔，能以高效率进行精密加工，以及能以低成本完成高难度加工。超塑性合金在制造模具前，要经过超塑性处理。ZnAl122 的超塑性处理工艺方法是：将合金缓慢加热至 360 ℃保温 1 小时后，放入冰盐水中急冷至室温，然后再加热到超塑性温度（250 ℃）进行超塑性成形，此时合金的伸长率可达 1 500％以上。超塑性成形后的模具零件（型腔或型芯等）要经强化处理，以恢复常温下的力学性能。ZnAl122 合金的强化处理工艺为：330 ℃左右保温 2 小时，空冷至室温。经强化处理后，其抗拉强度 σ_b 可达 390～420 MPa，硬度可达 84～110HBS，而且韧性也较好。

用于塑料模的超塑性合金还有 ZnAl114-1、HPb59-1 等合金。超塑性合金适用于制作形状复杂、负荷不大的注射模、吹塑模、乳胶发泡成形模等。

任务三 塑料模具材料及热处理选用

塑料模具结构和形状比较复杂，制造成本较高，为了保证模具较长的使用寿命，合理地选用模具材料品种,正确选择和实施模具的热处理方法极为重要。

一、塑料模具材料的选用

1. 塑料模成形件的材料选用

(1)非合金塑料模具钢的选用

对于生产批量不大,没有特殊要求的小型塑料成形模具,可采用价格便宜,加工性能好,来源方便的碳素结构钢(如 45、50、55 钢和 20、15 钢)、碳素工具钢(如 T8、T10 钢)制造。为了保证塑料模具具有较低的表面粗糙度,有时对制造塑料模具的碳素结构钢和碳素工具钢的冶金质量提出一些特殊要求,有时对钢材的有害杂质含量、低倍组织等提出较为严格的要求。

其中碳素工具钢主要用于制造要求耐磨性较高的小型热固性塑料成形模具,由于碳素工具钢的淬透性低,淬回火后,模具表面硬度很高,具有良好的耐磨性,而中心区域硬度较低,具有良好的韧性。

碳素结构钢中的低碳钢,则经过渗碳淬火回火后使用,表面渗碳层淬回火硬度高、耐磨性好,中心部分仍具有良好韧性。也多用于制造热固性塑料成形小型模具。

中碳碳素结构钢多在锻轧退火或正火状态下使用,用于制造小型的要求耐模性和耐蚀性不高、生产批量不大的通用型热塑性塑料制件的成形模具。

(2)渗碳型塑料模具材料的选用

渗碳型塑料模具钢的碳含量一般为 0.1%～0.2% 左右,硬度低,切削加工性好,塑性好,可以采用冷挤压方法用淬硬的凸模在渗碳模具钢制件上直接压制出型腔来,省去型腔的切削加工,这对于成批生产一种模具是十分经济的工艺方法。模具加工后经过渗碳、淬火、低温回火后,具有高硬度、高耐磨性的表面和韧良好的心部组织,可用于制造各种要求耐磨性良好的模具。

但是上述热处理工艺比较复杂,有可能产生较大的热处理变形,所以一般用于制造小型的、形状比较简单的模具。

这类钢,常用的有 15、20 钢。但由于其淬透性低、心部的强度低,不得不采用水等冷却能力很强的淬火介质淬火,容易产生严重的热处理变形等缺陷。为了解决这一问题,采用各种合金渗碳钢,如 20Cr、12CrNi2、12CrNi3、20CrMnTi 等钢种,这些钢淬透性较低碳钢好,渗碳后可以采用油淬火,避免严重的淬火变形,热处理后的心部也具有较高的硬度和强度。可以用于制造形状较复杂的、承受载荷较高的塑料件成形模具。

(3)预硬型塑料模具用材料的选用

预硬型塑料模具钢是由冶金厂在供货时即将模具钢材或模块预先进行调质处理,得到模具要求的硬度和性能。用户免在模具加工后再进行淬火回火处理就可以直接使用。可以避免在模具加工后再进行淬火回火处理时造成的变形、开裂、脱碳等缺陷,这类钢适宜制造形状复杂的大、中型精密塑料制件成型模具。

预硬型塑料模具钢的使用硬度一般在 30～40HRC 范围内,过高的硬度,将使预硬钢的可加工性变坏。

常用的预硬型塑料模具钢可分为两类:一类是借用合金结构钢和一些低合金热作模具钢的成熟钢号,如 35CrMo、40CrMo、45CrMo、5CrNiMo、5CrMnMo 等钢种,另一类是结合塑料模具钢单独开发的钢种,常用的如 3Cr2Mo(P20)、3Cr2NiMnMo、5CrNiMnMoVSCa、8Cr2MnWMoVS 等钢种,当预硬的硬度较高时,为了改善其切削性,往往在这类钢中加入易切削元素如 S、Pb、Ca 等,可以使钢在高硬度下的可加工性得到显著地改善。

(4)时效硬化型塑料模具钢的选用

对于复杂、精密、长寿命的塑料模具,为了避免其在淬火热处理中产生的变形,发展了一系列的时效硬化塑料模具钢。

时效硬化塑料模具钢在固溶处理后硬度很低(一般≤30HRC),可以很容易地进行切削加工,待加工完成后再进行较低温的时效处理,获得要求的综合力学性能和耐磨性,由于时效热处理的变形量很小,且有规律性,时效处理后不再进行加工,即可得到很高的模具成品。

其主要靠在时效过程中析出的金属化合物进行强化,所以碳含量较低,一般焊接性良好,可以采用堆焊工艺对失效的模具进行修复。为了进一步提高模具的耐磨性,对模具进行渗氮处理。

时效硬化塑料模具钢又可以分为两种类型,一种是低合金时效硬化模具钢,如我国自行开发的 25CrNi3MoAl 钢,美国的 P21 钢(20CrNi4AlV),日本大同特殊钢公司的 NAK55(15Ni3MnMoAlCuS)等,这类钢固溶处理后,硬度为 30HRC 左右,时效处理后,由于金属化合物 Ni3Al 脱溶析出而强化,硬度可以上升到 38～42HR 如果进行渗氮处理,可以使表面硬度达到 1 100HV 左右,主要用于制造精密复杂的热塑性塑料制件的模具。另一种类型为合金含量较高的马氏体时效钢,是借用一些超高强度马氏体时效钢,最典型的如 18Ni 钢,主要用于制造使用寿命要求很长的高精度、高表面质量的中、小型复杂的塑料模具。尽管材料费用比一般模具钢高几倍,但是由于模具寿命长、压制的塑料制品精度好,表面粗糙度低,仍在一定的范围内得到应用。典型的高合金马氏体时效钢有 18Ni(250)(00Ni18Co8Mo5TiAl)、18Ni(350)(00Ni18Co13Mo4TiAl)等固溶后形成超低碳马氏体,硬度为 30～32HRC,时效处理后,由于各种类型间金属化合物的脱溶析出得到时效硬化,硬度可上升到 50HRC 以上,其在高强度、高韧性的条件下仍具有良好的塑性、韧性、和高的断裂韧性。

为了降低材料费用,近年来开发了一些低钴、无钴、低镍的马氏体时效钢,其中专门设计用于制造塑料模具的钢种是 06Ni6MoVAl 钢,此钢含镍量大幅度下降,固溶处理后硬度为 25～28HRC,时效处理后硬度可上升到 45HRC 左右。由于时效时析出相的数量较高合金马氏体时效钢少,所以时效时尺寸变形也较小(一般约为 0.02%)(18Ni250 钢约为 0.06%,18Ni350 钢约为 0.08%)。这对于控制模具的变形是有利的。这种贵重元素含量较低,价格较低的马氏体时效塑料模具钢,既具有一般高合金马氏体时效钢的特性,可以适应高精度、复杂、高寿命塑料模具的要求,又有较低的价格,是一种有发展前景的钢。

(5)耐蚀型塑料模具材料的选用

生产过程中产生化学腐蚀介质的塑料制品(如聚氯乙烯、含氟塑料、阻燃塑料等)时,模具材料必须具有较好的抗蚀性能。当塑料制品的产量不大,要求不高时,可以采用对模具工作表面镀铬防护,大多的情况下采用相应的耐蚀钢制造塑料模具。由于模具材料要求有较高的强度、硬度和耐磨性,所以一般采用中碳或高碳的高铬马氏体不锈钢制造塑料模具,如 3Cr13、4Cr13、4Cr13Mo、9Cr18、Cr18MoV 等钢种。

为了得到满意的综合力学性能和较好的抗蚀性、耐磨性,要对这类钢制成的模具淬火回火处理。其中对高碳高铬型耐蚀塑料模具钢如 9Cr18 钢,一般采用 200 ℃左右低温回火处理,以防回火温度过高,形成过多的铬碳化物,降低基体组织中铬含量,影响其抗腐蚀性。而对中碳的铬不锈钢,如 4Cr13 钢,由于存在回火脆性倾向,则常采用在 650 ℃～700 ℃的高温回火处理,通过高温回火还可以使钢中的铬碳化物向(Cr,Fe)23C6 转变,改善钢中的贫铬区现象,使钢得到较高的耐蚀性和较好的综合力学性能。

其中高碳高铬的钢号属于莱氏体钢,在铸态组织中常存在着分布不均匀的粗大的一次和二次合金碳化物,必须通过锻轧将其破碎,使其分布均匀,并严格控制终锻和终轧温度,避免钢中沿晶界析出链状碳化物,影响钢的韧性和塑性。

(6)整体淬硬型塑料模具钢的选用

用于压制热固性塑料,特别是一些增强塑料(如添加玻璃纤维、金属粉、云母等的增强塑料)的模具,以及生产批量很大,要求使用寿命很长的模具,一般采用对模具进行整体淬硬,在高硬度下使用。塑料模具材料一般选用高淬透性的冷作模具钢或热作模具钢。制造这类模具常用的模具钢有冷作模具钢 9CrWMN、CrWMn、Cr12、Cr12MoV、CrMo1V、Cr12Mo1V1 等。热作模具钢则选用 5CrMnMo、5CrNiMo、4Cr5MoSiV、4Cr5MoSiV1 等。

(7)塑料成形用非调质模具钢的选用

原来的预硬型塑料模具钢都要求在热加工以后进行调质处理,而淬火和高温回火工艺复杂、耗能、还可能引起钢材的脱碳、氧化、变形等缺陷。随着结构钢中非调质钢的发展,近年来我国研制了一系列的非调质模具钢,在热加工以后不需要再进行淬火回火处理,直接得到要求的预硬化性能。可以简化生产工艺、节约能源、降低材料的生产成本。

如近年来发展的 3Cr2MnMoVS 钢,在空冷条件下,100 mm 厚度的截面上,硬度都可以达到 40HRC 左右。一些单位研究开发的 2Mn2CrVCa 等钢种 ϕ100 mm 圆钢轧后空冷硬度可达到 30HRC 左右。随着工作的进一步深入,这类钢可能会在一定范围内作为预硬钢得到推广应用。

(8)易切削塑料模具钢的选用

在形状复杂的中小型模具生产中,模具的加工费用往往占模具生产成本的 60%～70%,因此提高模具的切削加工效率,成为降低模具生产成本的主要因素之一,相应地发展了一系列的易切削型塑料模具钢。

易切削型塑料模具钢主要是结合预硬型模具钢和一些马氏体时效钢发展起来的,由于这类钢加工时硬度较高(可达 30～40HRC),切削加工性差,加入 S、Ca、Re 等易切削元素,可以有效地改善钢的切削加工性,如 3Cr2MnMoVS 非调质型易切削塑料模具钢,在硬度达 40HRC 的情况下,仍然可以顺利地用一般高速钢刀具进行切削加工。日本大同特殊钢公司介绍,其易切削型时效硬化型不锈钢 NAK55,在硬度高达 40HRC 左右时,其切削性可以与 S53C(接近我国 55 钢)硬度为 18HRC 时的可加工性相当。

易切削元素(如硫)加入后,为了抑制其对力学性能的不利影响往往加入变性剂(如钙、铼等),使钢中的硫夹杂物变成球状或纺锤状的富钙硫化物或稀土硫化物,通过变形处理,可以充分发挥硫对可切削性的有利作用,而抑制其对力学性能和热加工性能的不利影响,如我国研制的 5NiCaS 钢等。常用塑料成形模具钢的选用见表 5.19。

2. 塑料模具辅助零件的材料选用

塑料模具的辅助零件,因其抛光性、耐蚀性等要求较低,所以可选用常用的塑料模具钢材,经过合理的热处理,使用性能完全能达到要求,因此降低了模具造价。部分模具零件的材料选用举例及热处理要求见表 5.20。

表 5.19　常用塑料成形模具钢的选用

塑料类别	塑料名称	生产批量/件			
		$<10^5$	$1\times10^5 \sim 5\times10^5$	$5\times10^5 \sim 1\times10^6$	$>1\times10^6$
热固性塑料	通用型塑料酚醛密胺聚酯等	45,50,55 钢渗碳钢渗碳淬火	渗碳合金钢渗碳淬火 4Cr5MoSiV1+S	Cr5MoSiV1 Cr12 Cr12MoV	Cr12MoV Cr12Mo1V1 7Cr7Mo2V2Si
	增强型(上述塑料加入纤维或金属粉等强化)	渗碳合金钢渗碳淬火	渗碳合金钢渗碳淬火 4Cr5MoSiV1+S Cr5Mo1V	Cr5Mo1V Cr12 Cr12MoV	Cr12MoV Cr12Mo1V1 7Cr7Mo2V2Si
热塑性塑料	通用型塑料聚乙烯聚丙烯ABS 等	45,55 钢渗碳合金钢渗碳淬火	3Cr2Mo 3Cr2Mo 3Cr2NiMnMo 渗碳合金钢渗碳淬火	4Cr5MoSiV1+S 5NiCrMnMoVCaS 时效硬化钢 3Cr2M	4Cr5MoSiV1+S 时效硬化钢 Cr5Mo1V
	工程塑料(尼龙,聚碳酸酯等)	45,55 钢 3Cr2Mo 3Cr2NiMnMo 渗碳合金钢渗碳淬火	3Cr2Mo 3Cr2NiMnMo 时效硬化钢渗碳合金钢渗碳淬火	4Cr5MoSiV1+S 5CrNiMnMoVCaS Cr5Mo1V	Cr5Mo1V Cr12 Cr12MoV Cr12Mo1V1 7Cr7Mo2V2Si
	增强工程塑料(工程塑料中加入增强纤维金属粉等)	3Cr2Mo 3Cr2NiMnMo 渗碳合金钢渗碳淬火	4Cr5MoSiV1+S Cr5Mo1V Cr12MoV	4Cr5MoSiV1+S Cr5Mo1V Cr12MoV	Cr12 Cr12MoV Cr12Mo1V1 7Cr7Mo2V2Si
	阻燃塑料(添加阻燃剂的塑料)	3Cr2Mo+镀层	3Cr13 Cr14Mo	9Cr18 Cr18MoV	Cr18MoV+镀层
	聚氧乙烯	3Cr2Mo+镀层	3Cr13 Cr14Mo	9Cr18 Cr18MoV	Cr18MoV+镀层
	氟化塑料	Cr14MO Cr18MoV	Cr14Mo Cr18MoV	Cr18MoV	Cr18MoV+镀层

表 5.20　部分模具零件的选用钢及热处理要求

模具零件种类	主要性能要求	选用牌号	热处理	使用硬度
导向柱,导向套等	表面耐磨,心部有较好的韧性	20、20Cr、20CrMnTi	渗碳、淬火回火	54~58HRC
		T8A、T10A	淬火回火	54~58HRC
型芯、型腔件等	较高强度,有好的耐磨性和一定的耐腐蚀性,淬火后变形小	9Mn2V、CrWMn、9SiCr、Cr12	淬火后低、中温回火	56HRC 以上
		3Cr2W8V、35CrMo	淬火高温回火氮化	42~44HRC
		T7A、T8A、T10A	淬火加低温回火	55HRC 以上
		45、40Cr、40VB、40MnB	调质	240~320HBS
		球墨铸铁	正火	55HRC 以上

续表

模具零件种类	主要性能要求	选用牌号	热处理	使用硬度
主流道衬套	表面耐磨,有时还要耐腐蚀和热硬性	20	渗碳淬火	55HRC 以上
		T8A、T10A	淬火回火	55HRC 以上
		9Mn2V、CrWMn、9SiCr、Cr12	淬火、中低温回火	55HRC 以上
		3Cr2W8V、35CrMo	淬火,加高温回火并氮化	42~44HRC
顶杆、拉料杆、复位杆	有一定强度和比较耐磨	T7A、T8A	淬火回火	52~55HRC
		45	端部淬火杆部调质	端:54~58HRC 杆:225HBS
各种模板、顶出板、固定板支架等	较好的综合力学性能	45、40MnB、40MnVB	调质处理	225~240HBS
		Q235、Q255、Q275		
		球墨铸铁	正火	205HBS 以上
		HT200	退火	

二、塑料模具的热处理选用

1. 塑料模具成型零件的热处理基本要求

(1)合适的工作硬度和足够的韧性

根据塑料模具的工作条件,模具经过热处理应获得适中的硬度和足够的强韧性。不同种类的塑料模的工作硬度要求见表 5.21。

表 5.21 不同种类的塑料模的工作硬度要求

模具类型	工作硬度	说明
形状简单加工无机填料的塑料	56~60HRC	在高的压力下要求耐磨的模具
形状简单的小型高寿命塑料模	54~58HRC	在保证较高耐磨性的同时,具有好的强韧性
形状复杂、精度高、要求淬火微变形的塑料模	45~50HRC	用于易折断的部件(如型芯)
软质塑料注射模	280~320HRC	无填充剂的软质塑料
一般压铸模、高强度热塑性塑料注射模	52~56HRC	包括尼龙、聚甲醛、聚碳酸酯等硬性塑料和光学塑料

(2)保证淬火微小变形

为使塑料模具达到精度要求,要确保热处理变形极小。淬火时,首先要考虑防止模具型腔发生翘曲变形,为此对变形量作了一定限制,有关数据见表 5.22。

表 5.22 部分钢材塑料模允许淬火变形量

模具尺寸	钢材种类		
	碳钢	低合金工具钢	优质渗碳钢
260~400	+0.20~-0.3	+0.15~-0.2	+0.15~-0.08
110~250	+0.15~-0.2	+0.10~-0.15	+0.10~-0.05
≤110	±0.10	±0.06	±0.04

(3)表面无缺陷易于抛光

塑料模型腔面的表面粗糙度要求较高,在热处理过程中,应特别注意保护型腔表面,严格防止表面产生各种缺陷(如加热淬火留下的氧化皮的痕迹,表面受到侵蚀、脱碳或增碳、残余奥氏体量过多等），否则将给下一步抛光工序造成困难，甚至无法抛光。

（4）确保强度要求

尤其是热固性塑料模，受载较重，并且长时间受热，周期性受压。因此，要求模具在热处理后，保证有足够高的抗压塌和抗起皱纹的能力，即要保证强度要求。

2. 常用塑料模具钢热处理特点

（1）渗碳钢塑料模的热处理

渗碳钢的最终热处理为淬火和低温回火，渗碳工艺方法以采用分级渗碳工艺为宜，即在温度为 900 ℃～920 ℃，保温 1～1.5 小时进行高温快速渗碳，而在温度为中温 820 ℃～840 ℃，保温 2～3 小时渗碳以增加渗碳层厚度。对于碳素渗碳钢模具，分级渗碳后，需重新加热淬火；对于优质渗碳钢模具，分级渗碳后可直接空冷淬火，但应注意此工艺会使型腔表面氧化，应在通入压缩氨气的"冷井"中空冷，以保护表面防止氧化；对于用低碳钢和工业纯铁冷挤压成形的小型精密模具，单用渗碳淬火处理硬度和耐磨性往往不够，但用中温碳、氮共渗后直接淬火温度为 100 ℃～120 ℃的热油中冷却，则硬度提高，变形减小。

（2）淬硬钢塑料模的热处理

淬硬钢塑料模热处理时要注意两点，首先，形状比较复杂的模具，在粗加工后进行热处理时，必须保证热处理变形最小，对于精密模具，变形应小于 0.05%。其次，注意保护型腔面的光洁程度，力求通过热处理使金属内部组织达到均匀。

为达到以上要求，在热处理时应采取适当的工艺措施。① 淬火加热应在保护气氛炉中或在严格脱氧后的盐浴炉中加热。考虑模具多是单件生产，若采用普通箱式电阻炉加热，应在模腔面上涂保护剂。② 在淬火加热时，为了减小热应力，要控制加热速度。特别对于合金元素含量多，传热速度较慢的高合金钢和形状复杂、断面厚度变化比较大的模具零件，一般要经过2、3级的预热。③ 在淬火冷却时，为减小冷却变形，在淬硬的前提下应尽量缓冷，如对合金工具钢多采用热浴等温淬火，或者预冷淬火等。④ 淬火后应及时回火，回火温度一定要高于模具的工作温度，并且要避开可能出现回火脆性的温度区间；回火时间应足够长，以免因回火不充分使模具出现堆塌变形，回火时间长短视模具的材料和断面尺寸而定，至少要在40～60 min以上。常用淬硬钢塑料模的推荐淬火加热温度和塑料模淬火介质的选择见表 5.23 和表 5.24。

表 5.23 塑料模常用淬硬钢淬火加热温度

牌　号	预热温度/℃	加热温度/℃	恒温预冷温度/℃
T7A		780～800 淬水 810～830 淬碱	730～750
40Cr		820～860	760～780
T10A	未入盐浴回热前均应在箱式炉中经过 250 ℃～300 ℃烘烤 1～1.5 h；若用箱式炉加热淬火，则加热温度普遍要提高 10 ℃～20 ℃	760～780 淬水 800～820 淬碱	730～750
Cr2、GCr15		820～840	760～780
9Mn2V		780～800	730～750
9CrWMn MnCrWV		800～820	730～750
5CrNiMo		840～860	
Cr12MoV	800～820（注意型腔保护）	960～980	830～850

表 5.24　塑料模淬火冷却介质

牌　号	硬度/HRC	冷却介质
Cr12MoV、Cr6WV、45Cr2NiMoVSi	56～60	二元硝盐,气冷
合金结构钢 合金工具钢	52～56	中温碱浴,热油 二元硝盐,气冷
碳素工具钢	45～50	三元硝盐
	52～56	低温碱浴

（3）预硬钢塑料模的热处理

预硬钢是以预硬态供货的,一般不需热处理直接加工使用,但有时需对供材进行改锻,改锻后的模坯必须进行热处理。预硬钢的预先热处理通常采用球化退火,目的是消除锻造应力,获得均匀的球状珠光体组织,降低硬度,提高塑性,改善模具的切削加工性能或冷挤压成形性能。预硬钢的预硬处理工艺简单,多数采用调质处理,由于这类钢淬透性良好,淬火时可采用油冷、空冷或硝盐分级淬火。为满足模具的各种工作硬度要求,高温回火的温度范围很宽。调质后获得回火索氏体组织,硬度均匀。

（4）时效硬化钢塑料模的热处理

时效硬化钢的热处理工艺分两步工序。首先进行固溶处理,即把钢加热到高温,使各种合金元素溶入奥氏体中,完成奥氏体化后淬火获得马氏体组织。第二步进行时效处理,利用时效强化达到最后要求的力学性能。固溶处理一般在盐浴炉、箱式炉中进行,加热系数分别可取 1 min/mm、2～5 min/mm,淬火采用油冷,淬透性好的钢种也可空冷。如果锻造模坯时能准确控制终锻温度,锻造后可直接进行固溶淬火。时效处理最好在真空炉中进行,若在箱式炉中进行,为防模腔表面氧化,炉内需通保护气或者用氧化铝粉、石墨粉、铸铁屑,在装箱条件下进行时效,装箱保护加热要适当延长保温时间,否则难以达到时效效果。

3. 塑料模具的选材及热处理实例

（1）12CrNi3A 钢制对开胶木模的热处理

该模具形状和最终热处理工艺如图 5.15 所示。模具采用 910 ℃恒温渗碳,保温后随炉（气体渗碳）或随箱（固体渗碳）降温到 800 ℃～850 ℃,取出悬挂或架空摆放,用风扇冷却至室温。对于模具型腔抛光性要求高的也可悬挂于通有压缩氨气的冷井中冷却。风冷淬火后在 200 ℃～250 ℃回火 2～4 h,处理后硬度为 53～56HRC,变形轻微,对合面间隙小于 0.05 mm。

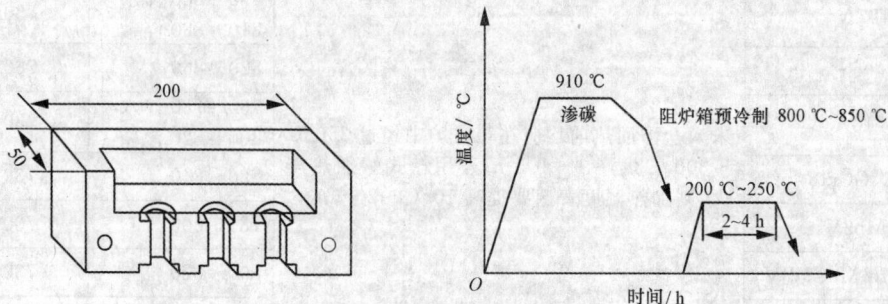

图 5.15　12CrNi3A 钢制胶木模及最终热处理工艺

（2）PMS钢制磁带内盒模及热处理

盒式录音磁带内盒模具，有用瑞典的718钢或日本的NAK55钢制作的。在选用PMS镜面塑料模具钢制造时，其成形加工性能和镜面抛光性能等完全满足各种精密塑料模具的特殊要求，而且镜面性能和模具寿命高于NAK55钢。

①固溶处理：固溶处理用箱式电阻炉加热，其工艺是：加热温度为840℃～860℃，保温时间可按2.5 min/mm计算。固溶后空冷，硬度为30～35HRC。

②时效处理：零件在加工成形后进行时效处理，时效温度490℃～500℃，保温时间6小时，时效硬度为38～45HRC，变形率小于0.05％。

时效处理后经人工研磨抛光，表面粗糙度Ra值可达0.025～0.012 μm，光亮度比45钢有明显提高，且抛光时间缩短近一半以上，模具寿命比进口模具高1倍以上。

③WH111电位器外壳凹模的选材与热处理

电位器外壳凹模用冷挤压法成型，模具采用DT1或DT2工业纯铁经渗碳淬回火使用时，因基体强度低，在使用过程中，表层产生塌陷或剥落，使用寿命极低，而且淬火时还有型腔变形胀大，尺寸精度达不到要求的问题。但采用LJ钢制造，经加热至930℃，保温6小时的固体渗碳，然后冷至850℃～870℃油淬，再经220℃回火，保温2小时的处理，获得了满意的使用效果。

☎ 练一练

1. 各类塑料模的工作条件如何？塑料模的失效形式主要有哪些？

2. 各类塑料模对所使用的材料应有哪些基本性能要求？

3. 制造塑料模的传统钢种有哪些？主要存在什么缺陷？

4. 何谓预硬化型塑料模具钢？简述其成分、性能及应用特点。

5. 何谓时效硬化型塑料模具钢？简述其性能及应用特点。

6. 选择塑料模具材料的依据有哪些？请为下列工作条件下的塑料模选用材料。

（1）形状简单、精度要求低、批量不大的塑料模；

（2）高耐磨、高精度、型腔复杂的塑料模；

（3）大型、复杂、产品批量大的塑料注射模；

（4）耐蚀、高精度塑料模具。

7. 塑料制靠背椅（整体件）的工作表面要求光洁，无划痕，局部有细花花纹，年产量45万件，试选用模具（型腔件）的钢材品种，并提出热处理工艺路线及其编制理由。

8. 塑料模成形零件的热处理应注意什么问题？试述用低碳合金渗碳钢制造的塑料模型腔件的制造工艺路线。

9. 塑料模进行表面处理的目的是什么？表面处理的方法有哪些？

项目六 模具表面处理技术

    模具失效往往始于模具的表面,模具表面性能的优劣直接影响到模具的使用及寿命。模具表面和心部的性能要求不同,很难通过更换材料或模具的整体热处理来达到。采用不同的表面工程技术,能有效地提高模具表面的耐磨性、耐蚀性、抗咬合、抗氧化、抗热黏附、抗冷热疲劳等性能。

- 任务一 表面化学热处理技术
- 任务二 表面涂镀技术
- 任务三 表面气相沉积技术
- 任务四 其他表面处理技术

模具材料及其热加工工艺的选择必须与表面强化技术结合起来全面考虑,才可能充分发挥模具材料的潜力,提高模具的使用寿命,获得最好的经济效益。例如渗硼层的高硬度、高耐磨性、热硬性,以及一定的耐蚀性和抗黏着性已在模具工业中获得较好的应用效果。

对模具工作零件进行表面处理的目的是在基体材料原有的性能的基础上再赋予新的性能,这些新性能主要有:耐磨性、抗黏附性、抗热咬合性、耐热疲劳性、耐疲劳强度、耐腐蚀性等。模具工作零件表面强化的方法主要有三种:第一种是改变表面化学成分的强化方法;第二种是各种涂层的被覆法;第三种是不改变表面化学成分的强化方法。常用的模具工作零件表面强化的分类见表 6.1,表中列出了从原始的镀铬到最新的 TD 处理法和 CVD、PVD 等多种处理方法。

表 6.1　常用模具工作零件表面强化方法的分类

(一)改变表面化学成分的强化方法	
1. 渗碳	气体、固体、液体渗碳
2. 渗氮	渗氮、液体氮碳共渗、气体氮碳共渗
3. 渗硼	固体、液体渗硼
4. 多元共渗	碳、氮、硫、硼等某些元素共渗
5. 离子注入	用离子注入机将铬等离子注入模具表面
(二)在表面形成各种覆层的被覆法	
1. 电镀	镀镍、镀硬铬、化学镀等
2. 化学转化膜技术	氧化处理(发蓝)、磷化处理
3. 气相沉积	化学气相沉积、物理气相沉积、等离子气相沉积
4. 碳化物被覆 TD	模具表面被覆 TiN、TiC、Cr7C3 等
(三)不改变表面化学成分的强化方法	
1. 表面淬火	火焰加热表面淬火、感应加热表面淬火
2. 激光强化处理	CO_2 激光器等
3. 加工强化	喷丸硬化法

任务一　表面化学热处理技术

化学热处理是指将钢件置于一定的活性介质中保温,使一种或几种元素渗入其表层,以改变其成分、组织和性能的热处理工艺。化学热处理的种类很多,一般都以渗入的元素来命名,常用的化学热处理方法有:渗碳、渗氮、碳氮共渗、渗硼、渗金属等。无论是哪一种化学热处理,活性原子渗入工件表面都包括分解—吸收—扩散三个基本过程。

(1)分解:富有渗入元素的介质在一定的条件下进行化学反应,分解产生具有一定活性的渗入元素原子。

(2)吸收:分解产生渗入元素的活性原子(初生状态原子)被工件表面吸收(溶解),这一过程的进行必须具备下列两个条件:有渗入元素的活性原子存在,渗入元素呈分子状态存在时,不能被工件吸收;渗入元素能渗入工件中形成固溶体或金属化合物。

(3)扩散:被工件表面吸收的渗入元素原子,由表面向内部移动,并达到一定的浓度和深度。影响这一过程的因素有如下两点:渗入原子沿渗层深度方向有浓度差。浓度差越大,扩散越容易进行;原子的热运动,原子向内部扩散需要足够的能量,其能量主要取决于温度,温度越高,扩散越容易进行。浓度差是由吸收过程造成的,因为吸收使工件表面具有较高的浓度。

上述的分解、吸收、扩散连续地进行,完成化学热处理的过程。

表面化学热处理的作用主要有以下两个方面:

(1)强化工件表面:提高工件表层的力学性能,如表层硬度、耐磨性、疲劳强度等。

(2)保护工件表面:改善工件表层的物理、化学性能,如耐高温及耐腐蚀性等。

一、渗碳技术

渗碳是为了增加模具工作零件表层的含碳量和一定的碳浓度梯度,将零件在渗碳介质中保热并保湿使碳原子渗入表层的化学热处理工艺。一般情况下,渗碳在 Ac_3 以上($850°\sim950°$)。碳原子渗入模具工作零件可以使模具工作零件表面获得高的硬度、耐磨性与疲劳强度,而心部仍保持一定的强度和较高的韧性。生产上所采用的渗碳深度一般在 $0.5\sim2.5$ mm 范围内,实践表明,渗碳层碳的质量分数为 $0.85\%\sim1.1\%$ 时最好。渗碳层硬度应不低于56HRC,对一些采用合金钢制造的工件,渗碳层表面硬度应不低于 60HRC。

渗碳是把钢件置于含有活性碳的介质中,加热到一定温度,并保温一定时间,使碳原子渗入钢件表面的化学热处理工艺。工件经渗碳后其表面硬度和耐磨性大大提高,同时由于心部和表面的碳含量不同,硬化后的表面获得有利的残余压应力,从而进一步提高渗碳工件的弯曲疲劳强度和接触疲劳强度。根据渗碳介质的物理状态不同,渗碳方法分为固体渗碳、液体渗碳、气体渗碳、真空渗碳和离子渗碳等。

1. 固体渗碳

固体渗碳是将工件置于填满木炭和碳酸钡的密封箱内进行的。其中木炭是渗碳剂,碳酸钡是催渗剂。渗碳温度一般为 $900 ℃\sim950 ℃$,在此高温下,木炭与空隙中的氧气反应形成 CO_2,与 CO_2 反应形成不稳定的 CO,然后在工件表面分解得到活性碳原子[C],[C]即可渗入工件表面形成渗碳层。

固体渗碳不需要专用电炉,操作也较简单,而且特别适合于有盲孔及小孔工件的渗碳,它的主要缺点是质量不易控制,劳动条件差,生产周期长,渗碳后不易于直接淬火。

2. 气体渗碳

气体渗碳采用液体或气体碳氢化合物作为渗碳剂。国内应用最广的气体渗碳方法是滴注式气体渗碳,特工件置于密封的加热炉中,洒入煤油、丙酮、甲苯及甲醇等有机液体,这些渗碳剂在炉中形成含 H_2、CH_4、CO 和少量 CO_2 的渗碳气氛,使钢件在高温下与气体介质发生渗碳反应。气体渗碳炉分周期式气体渗碳炉和连续式气体渗碳炉两大类。图 6.1 所示为常用的井式气体渗碳炉工作示意图及设备。工件经渗碳后必须进行淬火,才能得到高硬度、高耐磨的工件。气体渗碳的渗碳层质量高,渗碳过程易于控制,生产率高,劳动条件好,易于实现机械化和自动化,适于成批或大量生产。

3. 真空渗碳

真空渗碳是一个不平衡的增碳扩散型渗碳工艺,被处理的工件在真空中加热奥氏体化,并

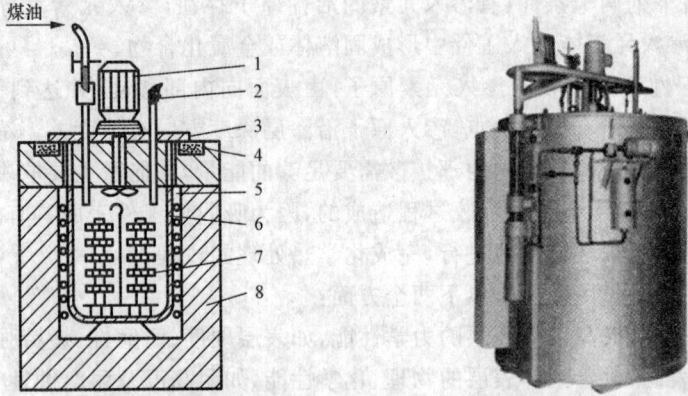

图 6.1 气体渗碳炉
1—风扇电动机;2—废气火焰;3—炉盖;4—砂封;5—电阻丝;6—耐热罐;7—工件;8—炉体

在渗碳气氛中渗碳,然后扩散、淬火。与气体渗碳相比,真空渗碳的温度高,渗碳时间可显著地缩短,渗碳前是在真空状态下加热,工件表面很干净,非常有利于碳原子的吸附和扩散。

渗碳主要用于要求承受很大冲击载荷、高的强度和好的抗脆裂性能,使用硬度为 58～62HRC 的小型模具。如用钢制的八角模寿命较短,往往不到 2 000 件就可能发生断裂,如改用钢加渗碳处理来制造,其寿命可延长至 30 000 件;W18Cr4V 钢制冲孔凸模,经渗碳淬火后,其使用寿命比常规工艺处理可延长 2～3 倍。

二、渗氮技术

渗氮是把钢件置入含有活性氮原子的气氛中,加热到一定温度,保温一定时间,使氮原子渗入工件表面的热处理工艺。渗氮的目的是提高工件的表面硬度、耐磨性、疲劳强度及耐蚀性能。常用的渗氮钢有 38CrMoAlA、Crl2、Crl2MoV、3Cr2W8V、5CrNiMo、4Cr5MoSiV 等。模具在渗氮前一般要进行调质处理。不影响模具的整体性能,渗氮温度通常不超过调质处理的回火温度,一般为 500 ℃～570 ℃。

渗氮按目的的不同,分为强化渗氮和抗蚀渗氮。

抗蚀渗氮是为了提高模具工作零件表面抗蚀性能,强化渗氮是为了提高模具工作零件表面的硬度、耐磨性和疲劳强度,同时还具有一定的抗蚀性能。

渗氮处理有如下特点:

①钢在渗氮后,不再需要淬火便具有很高的表面硬度及耐磨性,这是由于渗氮层表面形成了一层坚硬的渗氮物所致。

②渗氮往往是工件加工工艺路线中的最后一道工序,渗氮后的工件至多再进行精磨和研磨。为了使渗氮工件心部具有良好的力学性能,在渗氮之前有必要将工件进行调质处理,以获得回火索氏体组织。

③渗氮处理温度低,变形很小,它与渗碳感应表面淬火相比变形小得多。

目前常用的渗氮方法主要有气体渗氮、离子渗氮、真空渗氮和电解催渗渗氮等。常用的渗氮剂有氨、氨与氮、氨与预分解氨(即氨、氢、氮混合气体)以及氨与氢等四种,一般渗氮气体采用脱水氨气。

1. 气体渗氮

气体渗氮所用设备如图 6.2 所示。渗氮炉通常都是电阻炉,常用的有普通井式炉或井式渗碳炉,箱式炉,带有可动加热室或可动炉底的渗氮炉。前两种适用于小件或小批量生产,后种适用于大件或大批量生产。

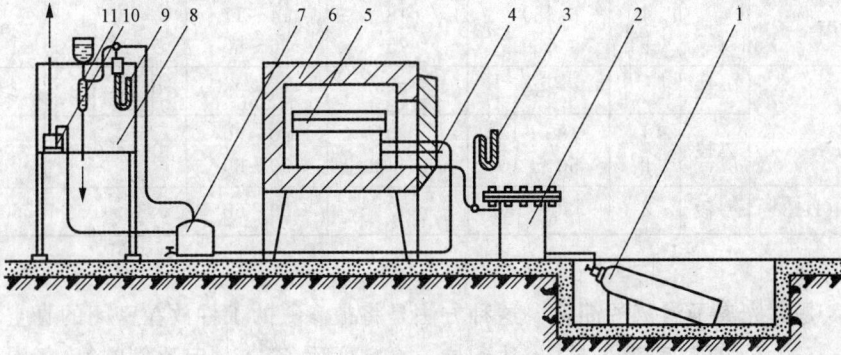

图 6.2 气体渗氮装置示意图
1—氨气瓶;2—干燥箱;3、9—U 形气压计;4—热电偶;5—渗氮箱
6—箱式电阻炉;7—缓冲箱;8—安置架;10—冒泡瓶;11—氨气分解率测定器

渗氮温度是影响渗氮层质量的主要因素。渗氮温度低,氮原子在钢中的扩散困难,容易形成一层很薄的高浓度、高硬度、高脆性的渗氮层。渗氮温度太低,将使氨气分解率很小,氮原子数量不足,以致形成一层很薄的低浓度、低硬度的渗氮层。提高渗氮温度可以加速渗氮过程,但温度过高,大于 560 ℃时,氮化物将沿晶界分布,形成网状或波纹状,并且使渗氮层的组织粗大,硬度降低,还将使心部组织变粗,硬度下降。

模具工作零件的气体渗氮多属于强化渗氮。强化渗氮按其加热方法分为一段渗氮法、二段渗氮法和三段渗氮法。

一段渗氮法用得最早,渗氮温度一般为 480 ℃～530 ℃。其优点是操作简单,工件变形量小。缺点是渗氮速度较慢,生产周期长,适用于一些要求硬度高、变形量小的工件。

二段渗氮法是将工件先在较低温度下,一般为 490 ℃～530 ℃渗氮一段时间,然后提高渗氮温度一般为 535 ℃～560 ℃,再渗氮一段时间。在渗氮的第一阶段,工件表面获得较高的氮浓度,并形成含有高弥散度、高硬度氮化物的渗氮层。在渗氮第二阶段,氮原子在钢中的扩散将加速进行,以迅速获得一定厚度的渗氮层。

三段渗氮法是在二段渗氮法的基础上改进的。先将工件在较低温度,一般为 490 ℃～520 ℃下渗氮,以获得高渗氮浓度的表面,再将渗氮温度升高,一般升高到 560 ℃～600 ℃,加速氮原子扩散过程,然后再降低温度,一般到 520 ℃～540 ℃渗氮,提高渗氮层的浓度。这种渗氮方法不仅缩短了渗氮时间,而且可以保证渗氮层具有高硬度,由于渗氮温度较高,所以渗氮层的组织比较粗大,工件的变形量相对较大,表 6.2 列出了部分模具钢的渗氮工艺规范。

表 6.2　部分模具钢的渗氮工艺规范

钢　号	处理方法	渗氮工艺				渗氮层深度/mm	表面硬度
		阶段	温度	时间/h	氨分解率/%		
30CrMnSiA	一段		500±5	25～30	20～30	0.2～0.3	＞58HRC
Cr12MoV	二段	Ⅰ	480	18	14～17	≤0.2	720～860HV
		Ⅱ	530	25	36～60		
40Cr	一段		490	24	15～35	0.2～0.3	≥600HV
	二段	Ⅰ	480±10	20	20～30	0.3～0.5	≥600HV
		Ⅱ	500±10	15～20	50～60		
4Cr5MoV1Si(H13)	一段		530～550	12	30～60	0.15～0.2	760～800HV

2. 离子渗氮

离子渗氮是辉光离子渗氮的简称。这种方法是将被渗氮的工件放在密闭的真空容器内加热到 350 ℃～570 ℃,真空度为 2.6 Pa,达到这一真空度后,充入一定比例的氮、氢混合气体或氨气,气压为 70 Pa 左右时,以工件为阴极,在真空容器内相对一定的距离设置阳极,在两极上加以 400～1 000 V 的直流电压,使之点燃辉光放电。在高压电场作用下工件周围气体发生电离,产生高能离子,离子在电场作用下以极高的速度轰击工件表面,并在工件表面发生能量转换,使工件表面的温度升高,并使氮离子转换为氮原子而渗入工件表面,然后经过扩散而形成渗氮层。由于氮气电离发出浅紫色辉光,因此称为辉光离子渗氮。

离子渗氮的设备如图 6.3 所示。主要由渗氮工作室、真空泵及真空测量系统、渗氮介质供给系统、供电及控制系统、温度控制及测量系统组成。

图 6.3　离子渗氮装置

离子渗氮现广泛用于处理热锻模、冷挤压模、压铸模、冷冲模等。离子渗氮的优点主要有:渗氮速度快,生产周期短;渗氮层的韧性好,质量高;工件小的变形少,适用于精密和复杂的零件;对材料的适应性好,适用于各类钢、铸铁及非铁金属。其缺点是:所用设备较为复杂。

三、碳氮共渗技术

碳氮共渗是在一定温度下,同时将碳、氮原子渗入钢件表层奥氏体中并以渗碳为主的化学热处理工艺。由于早期的碳氮共渗是采用含氰根的盐浴作为渗剂,所以也称为"氰化"。

碳氮共渗兼有渗碳和渗氮的优点,其主要优点如下:

(1)工件变形小

由于氮的渗入提高了共渗层奥氏体的稳定性,故使渗层的淬透性得到提高,这样不仅可以用较缓慢的冷却介质进行淬火而减少变形,而且可以用较便宜的碳素钢来代替低合金钢制造某些模具。

(2)渗入速度快

在碳氮共渗的情况下,由于碳氮原子能互相促进渗入过程,所以在相同温度下,共渗速度比渗碳和渗氮都快。

(3)渗层性能好

碳氮共渗与渗碳相比,其渗层硬度差别不大,但其耐磨性、抗腐蚀性及疲劳强度比渗碳层高。碳氮共渗层一般要比渗氮层厚,并且在一定温度下不形成化合物白层,故与渗氮层相比,抗压强度较高,而脆性较低。

(4)不受钢种的限制

一般说来,各种钢材都可以进行碳氮共渗。

根据操作时温度的不同,碳氮共渗分为低温(500 ℃~600 ℃)、中温(700 ℃~800 ℃)、高温(900 ℃~950 ℃)三种。低温碳氮共渗以渗氮为主,用于提高模具的耐磨性及抗咬合性。中温碳氮共渗主要用于提高结构钢工件的表面硬度、耐磨性和抗疲劳性能。高温碳氮共渗以渗碳为主,应用较少。

根据共渗介质的不同,碳氮共渗又分为固体、液体和气体三种。目前生产中应用较广的有低温气体碳氮共渗和中温气体碳氮共渗两种方法。生产中习惯所说的气体碳氮共渗是指中温气体碳氮共渗。

气体碳氮共渗的介质实际上就是渗碳和渗氮用的混合气体。目前最常用的是在井式气体渗碳炉中滴入煤油(或甲苯、丙酮等渗碳剂),使其热分解出渗碳气体,同时向炉中通入渗氮所需的氨气。在共渗温度下,煤油与氨气除了单独进行渗碳和渗氮作用外,它们相互间还可发生化学反应而产生活性碳、氮原子。此外,生产中也有采用有机液体三乙醇胺、甲酰胺和甲醇,再加入尿素等共渗介质,作为滴入剂进行碳氮共渗。活性碳、氢原子被工件表面吸收,并逐渐向内部扩散,结果获得了一定深度的碳氮共渗层。

碳氮共渗适用于要求基体具有良好韧性,而表面硬度高、耐磨性好的模具零件。冲裁模中的凸模和凹模以及塑料模、陶瓷模中的凸模、凹模和型芯、型腔等零件,有些就适合采用碳氮共渗处理。如45钢制切边模,820 ℃碳氮共渗4小时,淬火并回火,表面硬度为927 HV,使用寿命可达15 000件,与Cr12MoV钢制的同样零件经类似处理后的使用寿命相等。

四、氮碳共渗技术(软氮化)

氮碳共渗是工件表层渗入氮和碳并以氮为主的化学热处理工艺。共渗时工件表面首先被碳饱和,在α-Fe中生成超显微组织的碳化物,这种碳化物能作为渗氮媒介而促进渗氮,因此渗氮时间比气体渗氮时间大为缩短,在工件表面形成了结构致密的碳、氮化合物层,由于不存在FeN脆性相,在提高耐磨性的同时有较好的韧性,裂纹敏感性较小。

氮碳共渗也有固体法、液体法和气体法。液体氮碳共渗有剧毒,应用很少,固体氮碳共渗也很少应用,用得最多的是气体氮碳共渗。尤其是以尿素、甲酰胺、三乙醇胺为渗剂的气体氮碳共渗。

气体氮碳共渗温度通常为520 ℃~570 ℃。时间一般在1~6 h范围内。经氮碳共渗处理后的工件一般采用快冷(合金钢油冷、碳素钢水冷)。快冷不仅使要件表面色泽好,而且可以进一步提高其疲劳强度,但对变形要求严格的工件,氮碳共渗后应缓冷。

气体氮碳共渗不仅能赋予工件耐磨、耐疲劳、抗咬合、抗擦伤和抗腐蚀的性能,而且具有处理时间短、温度低、变形小的特点。氮碳共渗处理在塑料模、热锻模等各种模具的制造中都有广泛的应用,显著地提高了模具寿命,有关实例见表6.3。

表 6.3 模具氮碳共渗应用实例

模具名称	材　料	原来工艺及寿命	现在工艺及寿命
复式落料模	CrWMn	淬火，回火	喷入法甲酰胺氮碳共渗，寿命提高 10 倍
靠模	20Cr	渗碳，淬火	喷入法甲酰胺氮碳共渗，寿命提高 3 倍
M30 螺栓冷镦模	Cr12MoV	淬火，回火，2 000～3 000件	增加尿素气体氮碳共渗，2 万件以上
活塞销冷挤压模	W6Mo5Cr4V2	1 190 ℃淬火，560 ℃回火，2 000 件	增加甲酰胺氮碳共渗，2 万件以上
铝合金压铸模	3Cr12W8	液体氮碳共渗，3 万件	尿素气体氮碳共渗，5 万件以上
六角呆板手热锻模	3Cr12W8	淬火，回火，5 000件	尿素气体氮碳共渗，1.5 万件以上

五、渗硼技术

渗硼是模具制造中比较有效的一种化学热处理工艺，它是将工件置于含有活性 B 原子的介质中加热到一定温度，保温一段时间后，在工件表面形成一层坚硬致密的渗硼层的工艺过程。渗硼层中的硼化物一般由 $FeB+Fe_2B$ 双相或 Fe_2B 单相构成，渗硼层具有以下特性：

(1)硬度与耐磨性

钢铁渗硼后表面具有极高的硬度，显微硬度可达 1 290～2 300 HV，所以具有很高的耐磨性，渗硼层的耐磨性优于渗碳和渗氮。

(2)高温抗氧化性及热硬性

钢铁渗硼后所形成的铁硼化合物(FeB、Fe_2B)是一种十分稳定的金属化合物，它具有良好高温抗氧化性和热硬性，经渗硼处理的模具一般可在 600 ℃以下可靠地工作。

(3)耐腐蚀性

渗硼层在酸(除硝酸外)、碱和盐的溶液中都具有较高的耐蚀性，特别是在盐酸、硫酸和磷酸中具有很高的耐蚀性。例如 45 钢经渗硼后，在硫酸、盐酸水溶液中的寿命比渗硼前可提高 5～14 倍。

(4)渗硼层的脆性

渗硼层的硬度高，脆性较大。渗硼工件在承受较大的冲击载荷时，容易发生渗层剥落与开裂。为了降低渗硼层的脆性，渗硼件在形状上应避免尖锐的棱边和棱角，而且应选择合适的渗硼工艺，力求获得单相 Fe_2B 组织。渗层不宜过厚，一般取 0.03～0.10 mm 即可。渗硼采用扩散退火及共晶化处理，是降低脆性的有效措施。

渗硼的方法根据使用的介质和设备不同分类如下：

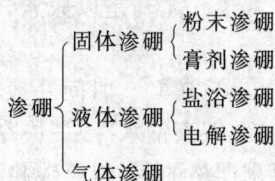

$$渗硼\begin{cases} 固体渗硼\begin{cases} 粉末渗硼 \\ 膏剂渗硼 \end{cases} \\ 液体渗硼\begin{cases} 盐浴渗硼 \\ 电解渗硼 \end{cases} \\ 气体渗硼 \end{cases}$$

1. 固体渗硼

固体渗硼是将工件埋入含硼的粉末或颗粒介质中，或在其表面涂以含硼膏剂，装箱密封再加热保温的化学热处理工艺。固体渗硼不需要专用设备，操作方便，适应性强。但固体渗硼劳动强度大,工作条件差,成本较高。固体渗硼分为粉末渗硼和膏剂渗硼。

粉末渗剂一般由供硼剂(硼粉 B、碳化硼 B_4C、硼铁合金 B-Fe、硼砂 $Na_2B_4O_7$ 等)、活化剂(氟硼酸盐、冰晶石、氟化物、氯化物、碳酸盐等)和填充剂[三氧化二铝(Al_2O_3)、碳化硅(SiC)、木炭、煤粉等]组成。渗硼用铁箱可用低碳钢板焊制。装箱方法与固体渗碳相似,先在箱底铺上一层厚 20～30 mm 的渗硼剂后,再放入工件。工件与箱壁、工件与工件之间要保持 10～15 mm 的间隙,然后填充渗硼剂。盖上箱盖后用耐火泥或黄土泥密封。对于大型凹模的模腔,因非工作部位不需渗硼,所以只在模腔内填充渗硼剂,其他部位用木炭填充,防止表面脱碳。操作时,为了防止活化剂过早分解,影响渗硼效果,要先将炉升温,采用热炉装箱。

粉末渗硼的温度一般为 850 ℃～950 ℃。增加温度渗硼时间可以缩短,但会引起晶粒粗大。渗硼保温时间一般为 3～5 h,最长不超过 6 h,渗硼层的厚度为 0.07～0.15 mm。工件经固体渗硼后,最好采用渗箱出炉空冷,至 300 ℃～400 ℃以下开箱取出工件,渗硼工件表面呈光亮的银灰色。

膏剂渗硼所用膏剂是粉末渗硼剂与黏结剂(常用的有松香酒精溶液、硅酸乙酯水溶液等)混合制成的膏状物。渗硼前将工件去锈、脱脂清洗干净后,再将膏剂涂于工件表面,涂层厚度为 1～2 mm,经自然干燥或在≤150 ℃烘箱中烘干后便可装箱。对不需要渗硼的部位,可用三氧化二铝与水玻璃调成糊状进行保护。工件与箱底、箱壁应保持 20～30 mm 距离。盖箱后用水玻璃调制耐火土或黄土泥密封,然后装入已升温到渗硼温度的箱式电炉中加热。

膏剂渗硼温度常用 930 ℃～950 ℃,保温时间为 3～6 h,温度过高或保温时间过长将引起渗硼层脆性增大,反之渗层过薄。

2. 液体渗硼

液体渗硼包括盐浴渗硼和电解盐浴渗硼。

盐浴渗硼是利用硼砂作为供硼源,无水硼砂 $Na_2B_4O_7$ 在高温熔融状态和还原剂作用下,有活性硼原子产生。在高温下游离状态的活性硼原子,被工件表面吸附,与铁原子生成硼化物 FeB 和 Fe_2B。盐浴渗硼多采用坩埚电阻炉,而且多是自制设备。炉内放置盐浴坩埚,为了防止腐蚀盐浴坩埚必须用不锈钢制作。

渗硼温度为 900 ℃～1 000 ℃,时间为 4～6 h。盐浴配制完成后加热到渗硼温度,保温 0.5 h,再搅拌一次,方可放入渗硼工件。渗硼工件要吊装在坩埚内,每隔 0.5～1 h 将工件适当地移动,以保证渗硼层均匀。达到渗硼保温时间后,即可出炉。不需淬火的工件从盐浴中取出,空冷,由于有粘在工件上的盐浴液保护,渗硼层不致损坏。需要淬火的工件应立即转入中性盐浴中加热,然后淬火。

盐浴渗硼具有设备简单,用盐资源丰富,成本低,无公害等优点,在模具渗硼处理上广泛应用。

电解盐浴渗硼时,以浸在熔融硼砂中的工件做阴极,石墨坩埚做阳极,电流密度为 0.15～0.2 A/cm^2,处理温度为 930 ℃～950 ℃,时间为 2～6 h,可得渗层 0.15～0.35 mm。电解渗硼速度快,渗剂便宜,渗层深,易调节,但渗层欠均匀,坩埚寿命较短。

气体渗硼与固体渗硼的区别是供硼剂为气体。气体渗硼需用易爆的乙硼烷或有毒的氯化硼,在工业生产上很少使用。

工件渗硼后一般应进行淬火和回火处理,热处理使基体发生相变,而硼化物层不发生相变,因硼化物与基体的膨胀系数差别较大,渗层易开裂,所以要尽量使用缓和的淬火介质,并及时回火。

适合渗硼的材料十分广泛,几乎所有钢铁材料,如结构钢、工具钢、模具钢、铸铁均可进行渗硼,硬质合金、有色金属也可以进行渗硼。在模具制造中用渗硼提高模具寿命已成为主要的表面强化方法之一。渗硼处理在多种冷、热作模(如冷冲裁模、冷挤压模、拉丝模、热挤压模、热锻模、压铸模等)上应用,效果非常显著,其应用实例见表6.4。

表 6.4 模具渗硼应用实例

模具种类	加工工件	材料	渗硼种类	渗硼效果
滚丝模	铁钉	GCr15	粉末渗硼	寿命提高 12 倍
冷挤压模	螺母	W12Mo3Cr4V3N	真空粉末渗硼	原:1 万~2 万件　后:30 万次
冷镦模	六角	Cr12MoV	粉末渗硼	寿命提高几十倍
冷冲模	螺母	GD 钢	粉末渗硼	原:0.3 万~0.5 万件　后:4 万~6 万次
热锻模	连接环	5CrMnMo	粉末渗硼	原:1 000 万件　后:4 000 万次
热挤压模	通用件	4Cr3Mo3W2V	盐浴渗硼	寿命提高 5~10 倍

六、其他多元共渗技术

钢的化学热处理不仅可以渗入碳、氮、硼等非金属元素,还可以渗入铬、铝、锌等金属元素。钢的表面渗入金属元素后,使钢的表面形成渗入金属的合金,从而可提高抗氧化、抗腐蚀等性能。

各种合金钢的化学成分中,含有多种元素,因而可兼有多种性能。同样在化学热处理中,若向同一金属表面渗入多种元素,则在钢的表面可以具有多种优良的性能。将工件表层渗入多于一种元素的化学热处理工艺称为多元共渗。

由于各种模具的工作条件差异很大,只能根据模具工作零件的具体工作条件经过分析和实验后,找出最适宜的表面强化方法。当渗入单一元素的化学热处理不能满足模具寿命的要求时,可考虑多元共渗的方法。实践证明,适当的多元共渗方法对提高模具寿命具有显著的效果。例如,CJW50WC 钢结硬质合金内部存在有疏松、孔洞、分布不均匀等缺陷,所制造的模具工作零件在使用中易产生裂纹和断裂,往往达不到预期的使用寿命。采用硼硫共渗处理,可提高该模具工作零件表面的硬度和抗咬合性,显著提高模具寿命。Cr12MoV 所制铁芯片冲裁模采用常规热处理的一次刃磨寿命为 3 万次,而经硫氮碳(硫氰)共渗处理后其一次刃磨寿命为9.2 万次,寿命提高 3 倍以上。

任务二　表面涂镀技术

表面涂镀的历史较早,这项表面处理技术的开发最初主要是为了满足人们防腐蚀和装饰的需要。随着新工艺技术方法,尤其是一些新的镀层材料和复合镀技术的出现,极大地拓展了这一表面处理技术的应用,并使其成为现代模具表面处理技术的重要组成部分。

一、电镀

电镀是使用电化学的方法在金属或非金属制品表面沉积金属或合金层。在进行电镀时,将被镀的零件和直流电源的负极相连,要镀覆的金属和直流电源的正极相连,并放在镀槽中。镀槽里装有含有欲镀金属离子的溶液及其他的一些添加剂。当电源与镀槽接通时,在阴极上析出欲镀的金属层。以镀锌为例,如图 6.4 所示,将待镀零件边在直流电源的负极上,把锌棒(板)边在电源正极上,二者之间充满 $ZnCl_2$ 溶液。首先,镀液电离成大量自由运动的锌离子 Zn^{2+} 和氯离子 Cl^-。通电后,电镀液中带正电的 Zn^{2+} 移向阴极(即零件),夺得阴极上的电子形成中性的 Zn 原子并沉积在零件上。电镀液中的 Cl^- 移向正极(锌棒),一方面把多余的电子交给正极,让电子由正极进入电路回至电源;另一方面 Cl^- 和正极上 Zn^{2+} 的结合成 $ZnCl_2$ 进入电镀液进行补充。这样,电镀液成为通路,使电流不断通过。随着电镀过程的进行,锌棒便逐渐损耗,而零

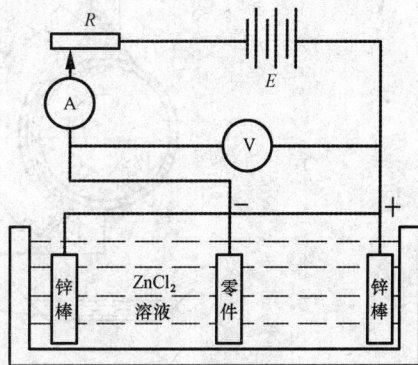

图 6.4 电镀锌装置示意图

件上沉积的锌层逐渐增厚。实际用的镀锌液中还加入了一些添加剂,如氯化铵、氯三乙酸等。

电镀工艺通常包括镀前表面处理、电镀和镀后处理三个过程。工件的镀前处理主要是去油除锈和活化处理(即将工件在弱酸中浸蚀一段时间)。镀后处理主要有钝化处理(在一定溶液中进行的化学处理,使电镀层上形成一层坚固致密的稳定的薄膜)、氧化处理、着色处理及抛光处理等,可根据工件的不同需要选择使用。

在模具上应用较多的是镀铬,其电解液的主要成分不是金属铬盐,而是铬酸,为了实现镀铬过程,还必须添加一定量的局外离子 SO_4^{2-} 或 SiF_6^{2-}、F^- 和 Cr^{3+} 离子。镀层厚度一般为 $0.03 \sim 0.30$ mm,镀铬层硬度为 $900 \sim 1\,200$ HV,具有高的耐磨性。而且镀铬不会引起工件变形,对形状复杂的模具十分有利。镀铬层在承受强压或冲击时镀层容易剥落,所以对于冷镦模和冷冲裁模不宜使用,只适合于处理应力较小的拉深模、塑料模等。模具的工作零件工作一定时间后被磨损或制造时尺寸超差,如果重新制造,周期长,经济费用大,而采用镀铬层加以修复,能及时解决且成本低。对此模具(如热压模)镀铬后可有效提高其表面耐热、易脱模性能。

随着电镀技术的发展,除单金属电镀外,出现了合金电镀和非晶态合金电镀等新的镀层材料和新的电镀方法。合金电镀是在一个镀槽中同时沉积两种或两种以上金属元素的镀层,从而获得不同于单金属电镀的性能。

二、电刷镀

电刷镀是电镀技术的发展,是在常温、无槽条件下进行的,其基本原理和电镀相同。其工作原理如图 6.5 所示,将表面预处理好的工件接电源的负极,镀笔接电源正极,不溶性阳极的包套浸满金属溶液,并在操作下不断地加液,通过镀笔在工件修复表面上的相对擦拭运动,电镀液的金属阳离子在电场作用下迁移到阴极表面,发生还原反应,被还原为金属原子,形成金属镀层,随着时间增长,镀层逐渐加厚,从而达到镀覆及修复的目的。

由于电刷镀无须镀槽,两极距离很近,所以常规电镀的溶液不适合用来做电刷镀溶液。电刷镀溶液大多数是金属有机络合物水溶液,络合物在水中有相当大的溶解度,并且有很好的稳定性。电刷镀溶液中的金属离子的浓度要高得多,因此需要配制特殊的溶液。

刷镀与槽镀相比,最大优点是镀层质量和性能优良,沉积速度快,镀层结合牢固,工艺简

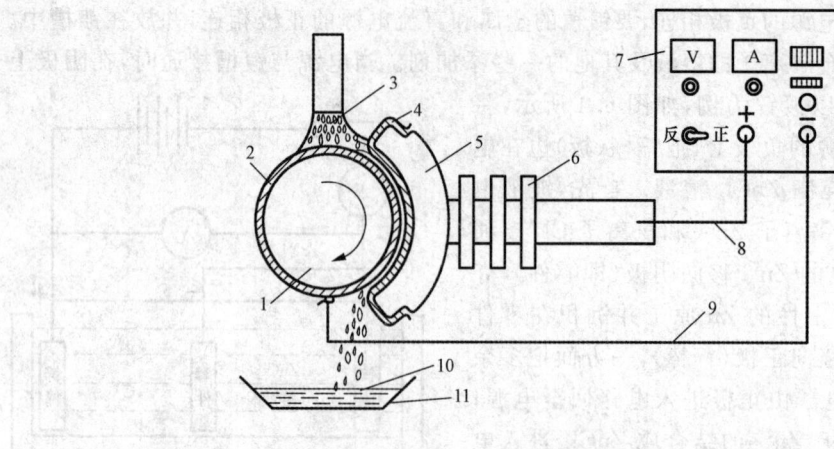

图 6.5 电刷镀原理示意图

1—工件；2—镀层；3—镀液；4—包套；5—阳极；6—导电柄
7—电刷镀电源；8—阳极电缆；9—阴极电缆；10—循环使用溶液；11—拾液盘

单,易于现场操作。电刷镀技术在模具制造及失效修复中应用广泛。对于一些大型、不易搬运的模具,由于电刷镀的设备比较简单,工艺灵活,携带方便,可以去现场进行表面刷镀。对于模具型腔局部缺陷,或使用后有磨损的部位也可采用表面刷镀进行修补。由于修复周期短,经济效益大,修复费一般只占工件成本的 $0.5\% \sim 2\%$,而且修复后表面的耐磨性、硬度、表面粗糙度等都能达到原来的性能指标,因此起到表面强化的目的。

试验表明,电刷镀应用于热作模具,可提高模具寿命 $50\% \sim 200\%$。在塑料模具表面刷镀镍,可提高模具的表面质量,提高模具表面的耐蚀能力。在修复一些由于毛刺、磨损而损坏的模具工作面时,只要电刷镀一层铜就可以了。随着塑料工业的发展,大型模具已经很难用槽镀方法进行表面处理,而用电刷镀方法可以很方便地解决这一问题。

一般电刷镀是晶态的,如果采用特殊镀液,可以得到非晶态镀层。用电刷镀法获得非晶态镀层,主要取决于电刷镀液的成分和电刷镀条件的控制。非晶态镀层有更高的强度、硬度和更低的摩擦系数,是延长模具寿命的经济方法。如 Cr12 钢制冷冲裁模经油淬、回火、再经非晶态 Co-W-P 合金电刷镀后,使用寿命延长近 1 倍,同时模具工作的稳定性明显提高。

三、化学镀

化学镀是将工件置于镀液中,镀液中的金属离子通过获得从镀液的化学反应中产生的电子,在工件表面还原沉积形成镀层的过程。从本质上说是一个无外加电场的电化学过程。

化学镀可获得单一金属镀层、合金镀层、复合镀层和非晶态镀层。与电镀相比,化学镀主要有如下优点:均镀能力好、有良好的仿型性、镀层致密、设备简单、操作方便。复杂形状模具的化学镀,还可以避免热处理引起的变形。

化学镀工艺已在多种模具上得到应用,采用化学镀镍强化模具,既能提高模具表面的硬度和耐磨性,又能改善模具表面的自润滑性能,提高模具表面的抗擦伤能力和耐蚀性能,适用于冲压模、挤压模、塑料成型模、橡胶成型模。例如,Cr12MoV 钢制拉深模,经化学镀 $10~\mu m$ 厚的 Ni-P 层后,模具表面硬度达到 $60 \sim 64HRC$,具有优良的耐磨性、高的硬度和小的摩擦系数,模具使用寿命从 2 万次延长至 9 万次。3Cr2W8V 钢制热作模,经 4 h 化学镀覆 Co-P,可获得 $12~\mu m$ 的镀层,再经 $450~℃ \times h$ 的热处理,模具表面光亮,镀层与基体结合牢固,具有较高的硬度和良好的抗热疲劳性能。当报废模具的热磨损超差尺寸不太大、热裂纹不太深时,还可以利用这项工艺进行修复,从而取得良好的经济效益。

四、热浸镀

热浸镀是将一种基体金属浸在熔融状态的另一种低熔点金属中,在其表面形成一层金属保护膜的方法。镀层金属主要有 Zn、Sn、Al、Pb 等及其合金。锌镀层具有良好的耐蚀性和黏附性;铝镀层具优异的耐蚀性、良好的耐热性,对光、热有良好的反射性。目前,热浸镀锌、热浸镀铝被广泛应用于模具制造业中。

根据热浸镀前处理方法的不同,其工艺可分为溶剂法和保护气法两大类。溶剂法是最常用的热浸镀方法。热浸镀之前,在清洁的金属表面涂上一层助镀剂,防止钢铁腐蚀。浸入镀液后,助镀层能迅速分解,并起到清除基体金属表面的氧化物、降低熔融金属表面张力的作用,以提高镀层质量。热浸镀工艺分镀前表面处理、助镀处理、热浸镀和镀后处理四个基本工艺阶段,主要包括以下各个处理步骤:预镀件碱洗→酸洗→水洗→稀盐酸处理→水洗→溶剂处理→烘干→热浸镀→镀后处理→制品。其中,溶剂处理是该工艺的重要环节,是提高镀层质量、防止漏镀的关键步骤。

任务三 表面气相沉积技术

气相沉积技术是利用气相中发生的物理、化学过程,改变工件表面成分,在表面形成具有特殊性能的金属或化合物涂层的新技术。气相沉积是一种发展迅速,应用广泛的表面成膜技术,它不仅可以用来制备各种特殊力学性能(如超硬、高耐蚀、耐热和抗氧化等)的薄膜涂层,而且还可以用来制备各种功能薄膜材料和装饰薄膜涂层等。

Ti、Ta、V、Nb、W、Mo、Cr 等元素的碳化物、氮化物和硼化物的共同性质是高硬度、高熔点,而且与作为基体的钢材料结合能力强。将这样的化合物覆在模具工作表面,形成超硬涂层,可以使模具获得优异的力学性能,大幅度地提高模具寿命。这些化合物中可以用于大批量生产的有 TiC、TiN、VC、NbC 以及 Ta、W、Mn、Cr、B 的碳化物。

目前用于各类模具表面硬化处理的沉积层主要为 TiC、TiN、TiCN。

碳化钛硬度高达 2 980~3 800 HV,但韧性差,硬化层中容易含有游离碳,制造工艺稳定性差,碳化钛与钢材的线膨胀系数差异大,其外观呈灰色。

氮化钛具有独特的优点:硬度高,约为 2 400 HV,与大多数钢材间的摩擦因数小,具有自润滑和抗黏着磨损作用。氮化钛与钢材的线膨胀系数接近,有利于涂层与基体间的结合。氮化钛韧性好,能承受基体材料一定程度的弹性变形。化学稳定性好,抗蚀性和抗氧化性能优良。涂层外观呈金黄色,便于直观检查。

TiCN 是一处兼有 TiC 和 TiN 优点的涂层。TiC 硬度高但韧性差,而 TiN 韧性好却硬度较差。调节 TiCN 中碳与氮的比例可以得到两处性能的最佳组合。调整碳与氮的比例还可以得到从黄金到蓝紫,甚至黑色的超硬涂层和彩色涂层。

气相沉积的方法有化学气相沉积法,即 CVD 法(Chemical Vapor Deposition);物理气相沉积法,即 PVD 法(Physical Vapor Deposition);等离子化学气相沉积法,即 PCVD 法(Plasma Chemical Vapor Deposition)。

一、化学气相沉积(CVD)

化学气相沉积(CVD)是利用气态物质在一定的温度下在固体表面进行化学反应,并在其表面生成固态沉积膜的过程。CVD法沉积TiN的设备原理如图6.6所示,图中5是反应器,用不锈钢管制成,其外围的6是电阻加热炉。被沉积TiN的工件7置于反应器中。气体原料氢气、氮化经干燥器、净化器、流量计输入反应器。气态四氯化钛($TiCl_4$)由蒸发器生成,并由氮气带入反应器。反应后生成的尾气经尾气吸收器排出。

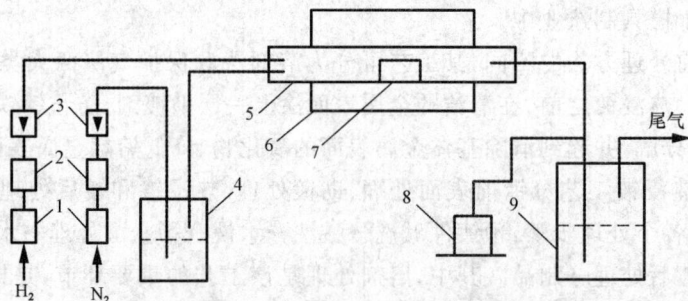

图6.6 化学气相沉积设备示意图
1—干燥器;2—净化器;3—流量计;4—$TiCl_4$包蒸发器;5—反应器
6—加热器;7—工件;8—泵;9—尾气吸收器

在温度下,在工件表面参加反应的气体进行化学反应,总的化学反应式是:

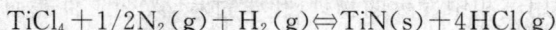

$$TiCl_4 + 1/2N_2(g) + H_2(g) \rightleftharpoons TiN(s) + 4HCl(g)$$

整个反应过程可分为下面几个步骤:
①反应气体向工件表面扩散并吸附;
②吸附于工件表面的各种物质发生表面化学反应;
③生成物质点聚集成晶核逐渐长大;
④表面化学反应中产生的气体产物脱离工件表面返回气相;
⑤沉积层与基体的界面发生元素的互扩散,形成镀层。

CVD法具有以下一些特点:
①设备简单,操作维护方便,灵活性强,只要选用不同的原料,采用不同的工艺参数,就可以制备性能各异的单一或复合涂层;
②由于它绕镀性能好,所以可涂覆带有槽、沟、孔、盲孔等各种形状的复杂工件;
③由于沉积温度高,涂层与基体之间结合牢靠,经CVD处理的工件,即使在十分恶劣的条件下工作涂层也不易脱落;
④涂层致密均匀,并且可以控制它们的纯度、结构和晶粒度;
⑤CVD法沉积温度高,一般在范围内,对于高温时变形量较大的钢材和尺寸要求特别精密的工件要考虑变形的影响。

近年来,用CVD法生产耐磨硬质涂层有了很大的发展,经CVD处理后的钢基工模具工作零件具有涂层的优良性能,如硬度高、耐磨、耐腐蚀、耐氧化等,同时工模具工作零件还可以具有基体材料的强度高、韧性好、价格低的优点。基体材料起着支撑硬质涂层的作用,而涂层则起到减小磨损和腐蚀的作用。模具工作零件采用CVD法涂层后,使用寿命大幅度提高,见表6.5。

表 6.5　模具钢采用 CVD 法涂覆后使用寿命提高的倍数

模具种类	模具工作零件材料	涂层种类	寿命提高倍数
切边模	W6Mo5Cr4V2	TiC+TiN	8
弯曲工具	Cr12	TiN	8
弯边辊	Cr12MoV	TiC	8
深冲模	Cr12W	TiC	10
冲模	Cr12MoV	TiC+TiN	8

二、物理气相沉积(PVD)

物理气相沉积(PVD)是将金属、合金或化合物放在真空室中蒸发(或称溅射),使这些气相原子或分子沉积在工件表面的工艺方法。由于加热方法和控制粒子运动的方法不同,物理气相沉积的种类很多,而且还在不断地发展,且每种 PVD 法都有专用的设备,工艺方法也在不断的研究发展之中。PVD 可分为真空蒸镀、阴极溅射和离子镀三大类。与 CVD 法相比,PVD 法的主要优点是沉积温度较低,可减少工件的变形、沉积速度较快、无公害等;不足之处是 PVD 法形成的沉积层较薄,且与工件表面的结合力较小,镀层的均匀性较差,设备的造价较高,操作维护的技术要求也较高。

PVD 镀膜技术在国内外刀具产品制造中已广泛应用,在模具工作零件表面强化中的应用也越来越多。PVD 方法突出的优点是镀膜温度低,只有 500 ℃左右,而且温度还可以降低。虽然镀膜较薄,但是能有效地提高模具寿命。例如,Cr12MoV 钢所制精冲模经 PVD 法涂覆 TiN 后,摩擦系数减小,抗黏着和抗咬合性改善,其使用寿命大大延长;YG20 硬质合金所制录音机磁头外壳拉深模经 PVD 涂覆 TiN 处理后,模具寿命提高 3 倍以上。

从发展趋势来看,PVD 法将成为模具表面处理的主要技术方法之一。表 6.6 列出了三种 PVD 法与 CVD 法的特性比较。

表 6.6　三种 PVD 法和 CVD 法的特性比较

项　目	PVD 法			CVD 法
	真空蒸镀	真空溅射	离子镀	
镀金属	可以	可以	可以	可以
镀合金	可以,但困难	可以	可以,但困难	可以
镀高熔点化合物	可以,但困难	可以	可以,但困难	可以
沉积粒子能量/eV	0.1~1	1~10	30~1 000	—
沉积速度/$\mu m \cdot min^{-1}$	0.1~75	0.01~2	0.1~50	较快
沉积膜的密度	较低	高	高	高
孔隙度	中	小	小	极小
基体与镀层的连接	没有合金相	没有合金相	有合金相	有合金相
黏着力	差	好	最好	最好
均镀能力	不好	好	好	好
镀覆机理	真空蒸发	辉光放电、溅射	辉光放电	气相化学反应

三、等离子化学气相沉积（PCVD）

等离子化学气相沉积（PCVD）是将低气压气体放电等离子体应用于化学气相沉积中的一项新技术。PCVD 具有 CVD 的良好绕镀性和 PVD 低温沉积的特点，更适合模具工作零件的表面强化。

PCVD 仍然采用 CVD 所用的源物质，如沉积氮化钛，仍然采用 $TiCl_4$、H_2、N_2。其激发等离子体的装置有直流辉光、射频辉光、微波场三种。

镀膜室沉积时须为真空状态，故也称为真空室。镀膜室一般用不锈钢制作。基板（工件）可以吊挂，也可以是托盘结构。镀膜室接电源正极，基板接负极，负偏压为 $1\sim2$ kV。由于 PCVD 采用的源物质和产物中含有还原性很强的卤元素或其他氢化（HCl）等气体，所以排放的气体腐蚀性较强。因此，在抽气管路上设置冷阱，使腐蚀气体冷凝，以减少对环境的污染。

镀膜的工作过程如下：首先用机械泵将镀膜室抽到 10 Pa 左右的真空。通入氢气和氮气，接通电源后，产生辉光放电。产生氢离子和氮离子轰击基板，进行预轰击清洗净化工件，并使工件升温，工件到达 500 ℃以后，通入 $TiCl_4$，气压调至 $10^{-3}\sim10^{-2}$ Pa，进行等离子体化学气相沉积氮化钛。

PCVD 法处理铝型材挤压模工作零件可显著提高模具使用寿命。铝型材挤压模是在极其复杂恶劣条件下工作的，承受高温、高压、激冷、激热和反复循环应力的作用。剧烈的摩擦使得模具表面黏附着一层小铝瘤，造成模具工作零件表面严重磨损，导致模具早中期失效。某工厂采用力学性能较优的 H13 钢代替原 H21 钢制作模具工作零件，表面强化采用氮化法，其表面性能未见明显好转，使用寿命偏低。采用等离子化学气相沉积 TiN 涂层后，模具寿命提高了 $3\sim5$ 倍。

任务四　其他表面处理技术

一、热喷涂

热喷涂是利用专用设备产生的热源将金属或非金属涂层材料加热到熔化或半熔化状态，然后用高速气流将其分散细化并高速撞击到工件表面形成涂层的工艺过程。其原理示意图如图 6.7 所示。

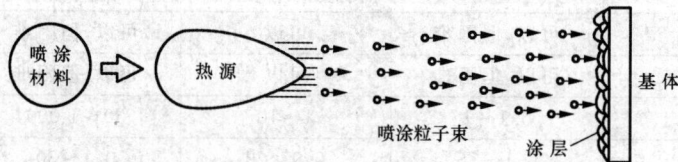

图 6.7　热喷涂技术原理示意图

热喷涂工艺过程通常分为喷前表面预处理、喷涂、喷后处理、精加工等过程。

喷涂前预处理是热喷涂作业中非常重要的一步。涂层的结合质量直接与基体表面的清洁度和粗糙度有关。预处理包括对工件进行清洗及表面粗糙化处理。

喷涂时涂层形成的大致过程是：涂层材料经加热熔化和加速→撞击基体→冷却凝固→形成涂层。其中涂层材料的加热、加速和凝固过程是三个最主要的方面。

喷涂后处理包括两个方面,一个是封孔处理,一个是致密化处理。多孔隙是热喷涂层的固有缺陷,封孔处理的目的就是填充这些孔隙。

热喷涂层表面一般较粗糙,涂层表面一般需要进行机加工以达到所要求的精度和粗糙度。另外,为了改善涂层的质量(如提高结合力、气密性等),有时在喷涂后还要进行机械的、化学的处理以及热处理。

目前常用的方法主要有火焰粉末喷涂、电弧喷涂、等离子喷涂。

1. 火焰粉末喷涂

火焰粉末喷涂尤其是氧乙炔火焰粉末喷涂是目前应用面较广、数量较多的一种喷涂方法,是通过采用粉末火焰喷枪来实现的。工作时,用少量气体将喷涂粉末输送到喷枪前端,通过燃气加热、熔化并加速喷涂到基体表面形成涂层。在喷嘴前端加上空气帽,可以压缩燃烧焰流并提高喷流速度。

火焰粉末喷涂可喷涂的材料较广,而且设备简单、便宜,操作方便,沉积效率高。但是涂层氧含量较高,孔隙较多,涂层结合强度偏低,涂层质量不高。

2. 电弧喷涂

电弧喷涂是将两根被喷涂的金属丝作为自耗性电极,彼此绝缘并加有 $18\sim40$ V 直流电压,由送丝机构向前输送,当两极靠近时,在两线顶端产生电弧并使顶端熔化,同时吹入的压缩空气使熔融的液滴雾化并形成喷涂束流,沉积在工件表面。

电弧喷涂的优点是电喷涂枪构造简单,操作灵活;喷涂材料的利用率高;涂层比同样的火焰喷涂涂层要致密,结合强度要高;而且电弧喷涂的运行费用较低,喷涂速度和沉积效率都很高。其缺点主要是喷涂材料局限于具有导电性能的金属和合金线材。

3. 等离子喷涂

等离子喷涂是以电弧放电产生等离子体作为高温热源,以喷涂粉末材料为主,将喷涂粉末加热到熔化或熔融状态,在等离子射流加速下以很高的速度喷射到基材表面形成涂层的工艺方法。

用于等离子喷涂的等离子体通常由下列一种或几种气体混合产生:氩、氦、氮、氢。等离子火焰温度可达到 20 000K,可熔化目前所有固体材料。喷射出的微料的温度和速度都很高,故形成的喷射涂层结合强度高,质量好。

总之,热喷涂技术的特点主要体现在如下几个方面:

①适应性广,热喷涂可在各种基体上制备各种材质的涂层。金属、陶瓷、金属陶瓷以及工程塑料等都可以用作喷涂的材料;而金属、陶瓷、金属陶瓷、工程塑料、玻璃、木材、布、纸等几乎所有固体材料都可以作为热喷涂的基材。

②基体温度低,一般在 30 ℃～200 ℃之间,因此变形小,热影响区浅。

③操作灵活。可喷涂各种规格和形状的物体,特别适合于大面积涂层,并可在野外作业。

④涂层厚度范围宽。从几十微米到几毫米的涂层都能制备,且容易控制;喷涂效率高,成本低,喷涂时生产效率为每小时数千克到数十千克。

热喷涂技术的局限性主要体现在热效率低、材料利用率低、浪费大和涂层与基材结合强度较低三个方面。尽管如此,热喷涂技术仍然以其独特的优点获得了广泛的应用。

各种热作模具、压铸模具以及粉末冶金模具等,工作环境温度高,而且受到磨损、挤压、冲击和冷热疲劳作用,可喷涂某些钴基自熔合金、镍或铝以及陶瓷来提高其耐热磨损性能。

二、激光表面强化处理

由于大功率激光器的研制成功和日臻完善,在工业生产中激光表面强化技术的应用已很广泛。

激光表面强化是利用高功率密度的激光束以一定的扫描速度照射待处理的工件表面,在很短的时间内使被处理表面由于吸收激光的能量而产生高温,当激光束移开时,被处理表面由自身传导而迅速冷却,从而形成具有一定性能的表面强化层。

工业所用激光器需满足以下要求:照射功率具有高的稳定性和可靠性,结构简单,易于控制,操作安全且价格适宜。按照激活介质的不同,激光器包括固体激光器和气体激光器。由于 CO_2 气体激光器可长时间稳定地连续发射激光束,易于得到大功率,故在工件表面强化中得到了最广泛的应用。

激光表面强化可以应用于模具工作零件加工的方法很多,包括激光相变硬化、激光熔化—凝固处理、激光表面合金化、激光表面涂覆、冲击硬化等。

1. 激光相变硬化

激光相变硬化对于碳素钢来说就是加热使之奥氏体化及冷却时形成硬的马氏体的过程。由于激光强化具有极快的加热和冷却速度,使生成的奥氏体晶粒度非常细小,从而冷却淬火后的马氏体也极细,具有很高的硬度和良好的耐磨性。

激光相变硬化的效果与激光的功率、光斑直径、扫描速度等有密切关系。

在相同的激光强化条件下,激光强化层的显微硬度和厚度取决于钢的含碳量,随着含碳量的增加,激光强化层的厚度和硬度有所增加。

各种材料经激光相变硬化处理后,可以得到晶粒非常细小的表层组织,它不但有良好的强度、硬度,而且在许多情况下不发生脆性破坏,使材料表面性能得到改善,耐磨性显著提高。而且因为相变硬化层体积膨胀受到基体限制,故而表层产生数百 MPa 的残余压应力,提高了材料的疲劳强度。可见,激光相变硬化可以比较有效地解决模具的磨损失效和疲劳失效以及局部塑性变形等问题,延长模具的使用寿命。例如,GCr15 钢制轴承保持架冲孔所用凹模,经常规处理后的使用寿命是 1.12 万次,经激光硬化处理后的寿命可达 2.8 万次。

2. 激光熔化—凝固处理(熔凝处理)

激光熔化—凝固处理是利用高能量密度的激光束对金属表层进行熔融和激冷处理,使金属表层形成一层液体金属的激冷组织,但并不改变表层的化学成分。由于表层金属的加热和冷却都异常迅速,故所得的组织非常细小。若通过外部介质使表层熔液冷却速度达到 $10^6℃/s$,则可抑制结晶过程的进行而凝固成非晶态,称为激光熔化—非晶态处理,又称激光上釉。

熔凝处理可以用来改善材料表面的耐磨性、疲劳强度和耐蚀性。某些模具钢在高速冷却结晶后,可以提高碳化物弥散度,改善合金元素及碳化物分布,因而表面硬度和热稳定性都有提高,可延长模具的寿命。如 Cr12 莱氏体钢和 40Cr5MoV 钢表面熔化,然后超高速冷却,形成很细的铸态组织,使合金元素和碳化物分布更均匀,提高了表面硬度。

3. 激光表面合金化

激光表面合金化是一种既改变材料表面的物理状态,又改变其化学成分的激光表面强化技术。这种表面处理工艺先是采用电镀、涂覆粉末、填加粉末等方法把所需要的合金元素涂敷到金属表面,然后在激光束的照射下,使其与基体表面的一薄层快速熔化,通过控制熔化深度来改善表面组织与性能。

　　激光表面合金化处理仅在熔化区的薄层内有成分的改变及组织性能的变化，热效应也只发生在 1~2 mm 的范围内，因此对基体材料的影响很小，工件变形小；工件合金化层性能稳定，与基体结合强度远高于 CVD 和 PVD。这种处理方法过程简单、效率高，可以通过表面合金化处理替代合金而节省大量贵重稀有元素，在技术上和经济上有重要意义。

　　模具工作零件激光表面强化的优点不仅在于能改善模具工作零件表面性能而保持基体材料的性能不变，而且在于其高度局部性，强化的部位、深度可以较准确地控制，对于传统工艺难以强化处理的部位，如模具内腔、侧壁等也可以比较容易地实现。

三、离子注入表面强化

　　离子注入是利用小型的低能离子加速器，将需要注入元素的原子在加速器的离子源中电离成离子，然后通过离子加速器的高压电场将其加速成为高速离子流，再经磁分析器提纯后，离子束强行打入置于靶室中的工件表面。

　　离子注入设备由离子源系统、离子的引出和加速系统、质量分析系统、离子聚焦和扫描系统、靶室系统、真空系统等组成。其组成的各系统框图如图 6.8 所示。

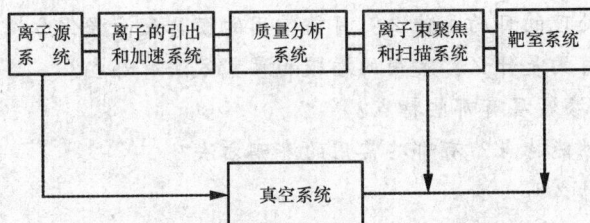

图 6.8　离子注入设备组成的方框图

　　离子注入过程如下：由离子源中产生的离子，经离子的引出电极引出后，进行到加速系统，加速系统将离子加速后，离子进入质量分析系统，在质量分析系统中分离出需要的离子后，通过离子束聚焦和扫描系统，使离子束打到靶室内的工件表面上。

　　高能离子束穿透工件基体表面和表面内的原子发生碰撞，在多次交联碰撞，激发电子和离子的过程中，注入的离子损失了原有的能量，最后静止在工件的基体表面内。在这个过程中将引起工件表面晶格缺陷或表面点阵原子的化学结合，而使基体表面发生物理、化学和力学性能的变化，有效地提高了工件表面的硬度、耐磨性、耐腐蚀性和抗疲劳等多种性能。

　　离子注入技术的主要特点有：

　　①被注入元素的离子是以很高的速度强行注入的，所以不受基体金属中的扩散速率以及固溶度的限制。

　　②由于注入时工件处于真空中，处理后的工件表面无变形，无氧化，既不改变工件基体表面的几何尺寸，又能保持原有的表面粗糙度。特别适合高精密部件的最后工序。

　　③离子注入后，便形成与工件基体材料完全结合的表面合金，注入层与基体之间没有明确的分界面，所以不会剥落。

　　④可能通过调节各种电控参数来准确控制注入离子的密度分布、浓度分布。

　　⑤虽然注入深度较浅，但注入原子在工作表面发生磨损和形成位错的同时不断向内迁移。

所以工件的外层被损耗后很久,仍能继续表现出一定的耐磨性和耐腐蚀性。

离子注入技术的缺点是设备昂贵,成本高;难以处理具有复杂凹腔表面的零件,并且工件大小受到真空室尺寸的限制。

通过离子注入处理后能大幅度延长模具的使用寿命。例如,W6Mo5Cr4V2 钢制螺母冲头,未经离子注入处理的使用寿命仅可达 1.6 万件,经离子注入后使用寿命可达 3.9 万件。

四、电子束表面强化

电子束加热淬火是用电子枪发射的电子轰击金属工件的表面,电子流碰撞材料表面层的原子,动能转变为热能,使工件表层迅速加热,待电子束离开后,工件表面自冷淬火而硬化,表面获得极高的硬度。

电子束加热淬火需要在真空中进行,故能量传递不如激光方便,可控性较差。但其能量利用率大大高于激光热处理,可达 80%。目前电子束和激光束一样已被用于钢和铸铁的表面硬化,提高工件的抗疲劳、耐磨损和抗腐蚀性能。

☎ 练一练

1.模具表面强化处理的目的是什么?目前常用的模具表面强化方法主要有哪些?

2.渗碳与渗氮的目的是什么?常用的渗碳和渗氮方法有哪些?

3.与渗碳层相比,渗氮层有哪些特点?

4.渗硼层有哪些性能特点?有哪些常用的渗硼方法?

5.电镀的机理是什么?

6.与电镀相比,电刷镀有何特点?

7.CVD、PVD、PCVD 的原理分别是怎样的?CVD 包括哪几个过程?PVD 有哪几种方法?PCVD 的优点是什么?

8.热喷涂有哪些特点?主要有哪些方法?

9.应用于模具生产中的激光表面处理方法有哪些?各自的机理是什么?

10.离子注入有何特点?

参考文献

[1] 熊惟皓,周理.中国模具工程大典.北京:电子工业出版社,2007.

[2] 吴兆祥,高枫.模具材料及表面处理.北京:高等教育出版社,2002.

[3] 王孝培.冲压手册.北京:机械工业出版社,2005.

[4] 徐滨士,朱绍华,刘世参.材料表面工程.哈尔滨:哈尔滨工业大学出版社,2005.

[5] 林慧园,等.模具材料应用手册.北京:机械工业出版社,2004.

[6] 曾珊琪,丁毅.模具寿命与失效.北京:化学工业出版社,2005.

[7] 徐进,陈再枝,等.模具材料应用手册.北京:机械工业出版社,2001.

[8] 翁其金.塑料模塑工艺与塑料模设计.北京:机械工业出版社,1990.

[9] 陈良辉.模具工程技术基础.北京:机械工业出版社,2002.

[10] 卜建新.塑料模具设计.北京:中国轻工业出版社,1990.

[11] 李云程.模具制造工艺学.北京:机械工业出版社,2000.

[12] 王雅然.金属工艺学.北京:机械工业出版社,1999.

[13] 闫红,张杰.金属工艺学.重庆:重庆大学出版社,2004.

[14] 高鸿庭.模具制造工.北京:中国劳动社会保障出版社,2004.

[15] 张清辉.模具材料及表面处理.北京:电子工业出版社,2005.

[16] 吴兆祥.模具材料及表面处理.北京:机械工业出版社,2004.

[17] 高为国.模具材料.北京:机械工业出版社,2006.

[18] 陈勇.模具材料及表面处理.北京:机械工业出版社,2006.

[19] 康俊远.模具材料及表面处理.北京:北京理工大学出版社,2007.

[20] 郑家贤.冲压工艺与模具设计实用技术.北京:机械工业出版社,2005.